高等职业教育
机械行业"十二五"规划教材

工程力学

Engineering Mechanics

◎ 邓唯一 罗蓉 主编
◎ 郭璐 刘金龙 钟雪莉 副主编

人民邮电出版社
北 京

精品系列

图书在版编目（CIP）数据

工程力学 / 邓唯一，罗蓉主编. -- 北京：人民邮
电出版社，2014.12
高等职业教育机械行业"十二五"规划教材
ISBN 978-7-115-37046-4

Ⅰ．①工… Ⅱ．①邓… ②罗… Ⅲ．①工程力学－高
等职业教育－教材 Ⅳ．①TB12

中国版本图书馆CIP数据核字（2014）第251765号

内 容 提 要

本书根据高职高专机电类专业技能型人才培养需要编写。全书共 3 篇 15 章，包括静力学、材料力学和运动学三大模块内容。

本书在编写过程中，以"必需"和"够用"为原则，打破以往沿袭本科教材的编写体系，力求突出高职高专特色；弱化了烦琐的公式推导和逻辑论证，强化了基本概念和应用性的教学内容。以生产实际中的案例作为每一章节的切入点，巧妙地运用了项目驱动法，有利于培养学生分析问题和解决问题的能力。

本书可作为高职高专机电等工程技术类相关专业"工程力学"课程教材，也可作为机电等工程技术类企业的岗位技术培训基础教材或相关从业人员的自学参考书。

◆ 主　编　邓唯一　罗　蓉

　 副主编　郭　璐　刘金龙　钟雪莉

　 责任编辑　韩旭光

　 责任印制　张佳莹　焦志炜

◆ 人民邮电出版社出版发行　北京市丰台区成寿寺路 11 号

　 邮编 100164　电子邮件 315@ptpress.com.cn

　 网址 http://www.ptpress.com.cn

　 北京艺辉印刷有限公司印刷

◆ 开本：787×1092　1/16

　 印张：13.25　　　　　　　　2014 年 12 月第 1 版

　 字数：325 千字　　　　　　　2014 年 12 月北京第 1 次印刷

定价：36.00 元

读者服务热线：(010)81055256　印装质量热线：(010)81055316
反盗版热线：(010)81055315

前　言

本书是根据教育部高职高专机械设计制造类专业教学指导委员会的要求，结合高职院校的教学特点和实际情况编写而成的。书中精选了工程实践以及后续专业课程中必须掌握的知识、技能，以工程实例为切入点进行讲述，简化了理论推导，突出了实际应用，由简到繁、由浅入深展开讲解。

本书包括静力学、材料力学以及运动学和动力学共 3 篇共 15 章内容。静力学部分介绍了静力学基础、平面力系、空间力系，材料力学部分介绍了轴向拉伸与压缩、圆轴的扭转、平面弯曲梁、组合变形构件的强度，运动学和动力学部分介绍了质点运动学、刚体运动力学和动能定理等，内容编排新颖，简明扼要。

为了让学生更好地理解与掌握教材内容，各章均附有本章小结、思考题和习题，并将全书习题的参考答案纳入配套的教学资源中，从而使整个过程达到了精讲、精练的目的。

参加本书编写的有三峡电力职业学院的邓唯一、罗蓉、郭璐、刘金龙和钟雪莉等，三峡电力职业学院的邓唯一和罗蓉任主编，郭璐、刘金龙和钟雪莉任副主编。在本书的编写过程中，得到了有关部门和兄弟院校的大力支持，在此表示衷心的感谢！

本书可作为高职高专机电等工程技术类相关专业"工程力学"课程的教材，也可作为机电等工程技术类企业的岗位技术培训基础教材和相关从业人员的自学参考用书。

由于编者水平所限，书中错误在所难免，恳请广大读者批评指正。

编　者

2014 年 5 月

目　录

第一篇　静力学

第二篇 材料力学

第三篇 运动学和动力学

注：加*为选学内容

第一篇

静力学

第1章

静力学公理和物体的受力分析

静力学研究的是刚体在力系作用下平衡规律的科学。

静力学理论是从生产实践中总结出来的，是对工程结构构件进行受力分析和计算的基础，如求图 1-1（a）所示的齿轮啮合时的啮合力，求图 1-1（b）所示的起重机的起重能力、吊索的承受力等。其主要任务是简化工程实际中较复杂的力系以及研究物体的平衡条件，内容包括：确定研究对象、进行受力分析、简化力系、建立平衡条件求解未知量等。静力学是研究材料力学、运动学和动力学的基础。

（a）齿轮啮合 （b）起重机

图 1-1 工程结构构件受力

1.1

静力学的基本概念

1.1.1 力和力系的概念

1. 力的定义

力是物体间的相互机械作用。

　　物体间相互作用的形式很多，可以是直接接触，比如物体间的拉、压；也可以是以"场"的形式相互作用，例如电场与电荷间的作用。

　　这种相互作用对物体产生两种效应。一是力的运动效应，也称为力的外效应，即引起物体机械运动状态的变化。例如给静止在地面上的物体一个力，它便开始运动。二是力的变形效应，也称为力的内效应，即使物体发生变形。例如钢管在受到较大的力作用时会弯曲，橡皮筋在受到拉力的作用时会被拉长。

2. 力的三要素

　　力对物体的作用效应取决于力的大小、方向、作用点，这 3 个因素称为力的三要素。当这 3 个要素中任何一个发生改变时，力的作用效应也将发生改变。

3. 力的单位

　　在国际计量单位中，力的单位为牛[顿]，用 N 或者 kN 表示，$1\text{kN} = 10^3\text{N}$。

4. 力的表示方法

　　由力的三要素可知，力是矢量，记为 $\boldsymbol{F}$。本教材用黑体表示矢量。力矢有两种表示方法：平面表示法及图示法。

　　平面表示法。若力矢 $\boldsymbol{F}$ 在 Oxy 平面内，则其矢量表达式

$$\boldsymbol{F} = \boldsymbol{F}_x + \boldsymbol{F}_y \tag{1.1}$$

其中，$\boldsymbol{F}_x$ 和 $\boldsymbol{F}_y$ 分别表示沿平面直角坐标轴 x, y 轴上的两个分量，如图 1-2 所示。

　　图示法。力矢 $\boldsymbol{F}$ 可以用一带箭头的线段表示，如图 1-3 所示。有向线段 AB 长度按一定的比例尺表示力的大小；线段的方位和指向表示力的方向；线段的起点或终点表示力的作用点；与线段重合的直线成为力的作用线。

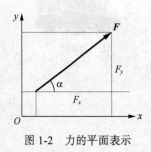

图 1-2　力的平面表示　　　　　　　　图 1-3　力的图示法

5. 力系

　　力系是指作用在物体上的一组力。

　　如果力系可以使物体处于平衡状态，则该力系为平衡力系；若两力系分别作用于同一物体而效应相同，则二者互称等效力系。

　　若力系与一个力等效，则称此力为该力系的合力。力系的简化就是用简单的力系来替代复杂的力系。

1.1.2　平衡及刚体的概念

平衡是指物体相对于地球处于静止状态或者匀速直线运动状态，它是物体机械运动中的一种特殊状态。

刚体是指在力的作用下不发生变形的物体，与变形体相对应。静力学的研究对象是刚体。

事实上，刚体是不存在的，只是一个理想化的力学模型。因为任何物体在受力后都会或大或小地发生形变，如果形变量不大或对所研究的问题影响较小时，变形可以忽略，此时就可将物体抽象为刚体。例如，当汽车通过桥梁时，虽然桥梁因承受汽车的压力而产生微小的变形，但当桥梁的微小变形对研究其平衡问题不产生影响或影响很小时，便可以忽略不计，此时可将桥看成刚体。实践证明，引入刚体力学模型可将问题大为简化，且分析结果也足够精确。

1.2
静力学公理

静力学公理是指人们在生产和生活实践中长期积累总结出来的、并通过反复验证的符合客观实际的普遍规律。它是静力学的基础。

公理一　二力平衡公理

刚体仅受两个力作用而平衡的必要和充分条件是：这两个力等值、反向、共线，如图 1-4 所示，即

$$F_1 = -F_2 \tag{1.2}$$

这一公理揭示了作用于刚体上的最简单的力系平衡时所必须满足的条件。满足上述条件的两个力称为一对平衡力。需要说明的是，对于刚体，这是充要条件；而对于变形体，这个条件是不充分的。

工程上将只受到两个力作用处于平衡的构件称为二力构件或二力杆。根据平衡条件，二力杆所受的两个力大小相等、方向相反，作用线沿两个力作用点的连线，如图 1-5 所示。

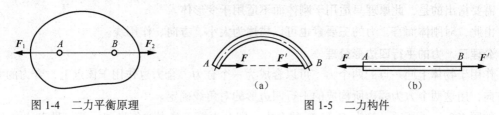

图 1-4　二力平衡原理　　　　　　　　图 1-5　二力构件

二力构件在工程上会经常遇到，同时，有的工程构件常常可以简化为二力构件。需要强调的是，找出二力构件，对于刚体、特别是刚体系统的静力学分析，常常是非常方便的。在图 1-6 所示的横梁系统中，斜拉杆 CD 即为一个二力杆。在研究受力的时候可以直接画出二力杆 CD 所受约束力方向，并且可知 $F_C = -F_D$

公理二　加减平衡力系公理

在已知作用力系中加上或减去任意平衡力系，并不改变原力系对刚体的作用效应。

这一公理是研究力系等效替换与简化的重要依据。由此可以得到一个重要的推论，即力的可传性。

推论 1　力的可传性原理

作用于刚体上某点的力，可沿其作用线移到刚体上任意一点，而不改变该力对刚体的作用效果。

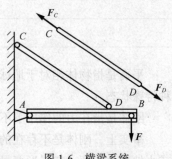

图 1-6　横梁系统

如图 1-7 所示，用小车运送货物时，不论是在车后 A 点用力推车还是在车前 B 点用力拉车，对于车的运动而言，其效果都是一样的。力的这种性质称为力的可传性。

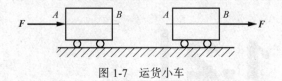

图 1-7　运货小车

证明：力的可传性图 1-8 所示，在刚体上的 A 处作用力 F，在其作用线上任选一点 B，沿其作用线上加上一对平衡力 F_1 和 F_2，使得 $F_2 = F = -F_1$，这时 F，F_1，F_2 就构成了新的平衡力系。根据加减力系平衡公理，故可去掉 F 和 F_1，只剩下 F_2 与原力系 F 等效，由此得证。

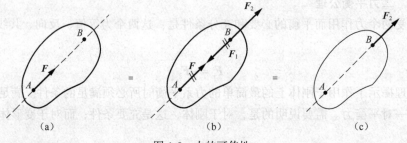

图 1-8　力的可传性

力的可传性说明，对刚体而言，力是滑动矢量，它可以沿其作用线滑移至刚体上的任意位置。需要指出的是，此原理只适用于刚体而不适用于变形体。

由此，对刚体而言，力的三要素也可以描述为大小、方向、作用线。

公理三　力的平行四边形公理

作用于物体上同一点的两个力，可以合成为一个合力。合力也作用于该点上，合力的大小和方向，用这两个力为邻边所构成的平行四边形的对角线确定。

如图 1-9（a）所示，F 为 F_1 和 F_2 的合力，即合力等于分力的矢量和，其矢量表达式为

$$F = F_1 + F_2 \tag{1.3}$$

也可以采用力的三角形法则求合力。如图 1-9（b）所示，从任意一点 O 作矢量 F_1，再由 F_1 的末端 A 作矢量 F_2，则矢量 OB 即为合力矢量 F。

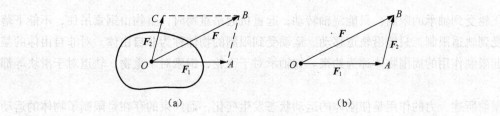

图 1-9　力的合成

推论 2　三力平衡汇交定理

若作用于物体同一平面上的 3 个互不平行的力使物体平衡，则它们的作用线必汇交于一点。

证明：如图 1-10 所示，刚体上 A、B、C 3 点受共面且平衡的 3 个力 F_1、F_2、F_3 作用。由力的可传性将 F_1、F_2 移至其作用线交点 O，并根据公理三将其合成为 F_{12}，则刚体上仅有 F_{12} 和 F_3 作用。根据公理一可知 F_3 和 F_{12} 共线，所以 F_3 一定通过 O 点。所以 F_1、F_2、F_3 必汇交于一点。

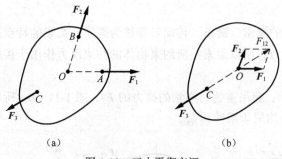

（a）　　　　　　　　　　（b）

图 1-10　三力平衡交汇

此定理说明了不平行 3 个力平衡的必要条件，当两个力作用线相交时，可用来确定第三个力的作用线方位。

公理四　作用与反作用公理

两个物体之间相互作用的力总是成对存在，并且一定大小相等、方向相反，沿同一作用线，分别作用于两个物体。若用 F 表示作用力，F' 表示反作用力，则有

$$F = -F' \tag{1.4}$$

这两个力互为作用力与反作用力。

该公理表明，作用力和反作用力总是成对存在，但作用在两个不同的物体上，它们不是平衡力。

1.3

约束与约束力

在工程实际中，有些物体，如飞行的炮弹、飞机和火箭，它们在空间的位移不受任何限制。这类物体称为**自由体**。相反，有些构件在空间的位移要受到与它相联系的其他构件的限制，比

如，飞轮受到轴承的限制，只能绕轴转动；起重机起吊重物时，重物由钢索吊住，不能下落；滑块受到轨道限制，只能沿轨道移动。运动受到限制的物体称为**非自由体**。对非自由体的某些位移起限制作用的周围物体称为**约束**。如轴承对于飞轮，钢索对于重物，轨道对于滑块等都是约束。

据前所述，力的作用是使刚体的运动状态发生变化，而约束的存在是限制了物体的运动，所以约束一定有力作用于被约束的物体上。约束作用于物体上限制其运动的力称为**约束力**。

作用于被约束物体上的约束力以外的力统称为**主动力**，如重力、拉力等。

由此可见，约束力是一种被动力。因而，在约束力的三要素中，约束力的大小是未知的，与主动力的值有关；约束力的方向与该约束所能限制的运动方向相反；约束力的作用点在约束与被约束物体的接触处。

下面介绍几种工程上常见的约束类型及其约束力表示的方法。

1.3.1 柔性约束

工程上将不可伸长的绳索、链条、传动带等称为柔索。柔索的特点是柔软、易变形，只能承受拉力，不能承受压力。所以柔索给所约束物体的约束反力作用于接触点，方向沿着柔索中心线而背离物体。

如图 1-11（a）所示，起吊重物时绳索的拉力的 F_T，图 1-11（b）所示的皮带轮松紧边拉力 F_{T1}、F'_{T1}、F_{T2}、F'_{T2}，均属于柔性约束。

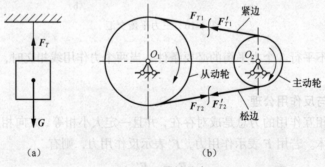

图 1-11　柔性约束

1.3.2 光滑接触面约束

光滑接触面是指两个物体之间接触的摩擦力很小，与它们相互作用力相比可以忽略不计，即其接触面为理想光滑。对于光滑接触面约束，不管接触面是曲面还是平面，限制物只能限制另一个物体沿接触面的公法线朝支承面方向的运动，因此光滑接触面约束物体与约束面的接触点为作用点，方向沿作用点的公法线指向被约束物体内部，其必为压力。常用 F_N 表示。如图 1-12 所示。

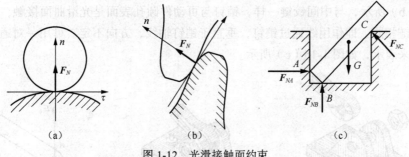

图 1-12　光滑接触面约束

1.3.3　光滑铰链约束

用一个圆柱形销钉将两个带孔物体连接在一起，便形成了圆柱铰链约束。若圆孔与销钉间的摩擦忽略不计，则为光滑圆柱铰链约束。

一般根据被连接物体的形状、位置及作用，可分为如下几种形式。

1. 中间铰链约束

如图 1-13 所示，将两个带圆孔的可动件用圆柱形销钉连在一起，便构成了中间铰链。这种铰链只能限制两物体间的相对径向移动，不能限制两物体绕圆柱销钉轴线的转动。

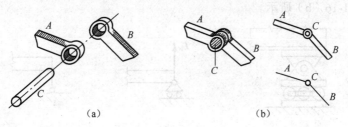

图 1-13　中间铰链约束

由于销钉和物体圆孔表面是光滑曲面接触，本质上属于光滑接触面约束，故圆柱销对物体约束力的作用线通过铰链圆柱孔中心，并垂直于圆柱销轴线。由于接触点位置一般不能预先确定，因而中间铰链对物体的约束特点是：作用线通过销钉，垂直于销钉轴线，方向不定。可用一对通过铰链中心的正交分力来表示，如图 1-14 所示。

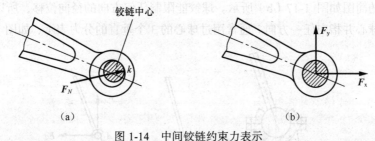

图 1-14　中间铰链约束力表示

2. 固定铰链支座约束

将中间铰链中其中一个物体换成固定支座，便构成了固定铰链支座约束。如图 1-15（a）

和图 1-15（b）所示，与中间铰链一样，销钉与可动件圆孔表面是光滑曲面接触，故其约束力也与中间铰链相同，即作用线通过销钉，垂直于销钉轴线，方向不定。可用一对通过铰链中心的正交分力来表示，如图 1-15（c）所示。

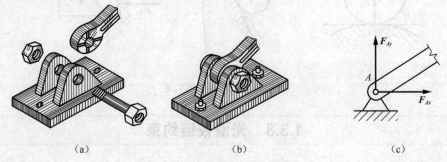

(a)　　　　　　　　(b)　　　　　　　　(c)

图 1-15　固定铰链支座约束

3. 活动铰链支座约束

将固定铰链下面安放若干滚轮，并与支撑地面接触，则构成了活动铰链支座，又称辊轴支座，如图 1-16（a）所示。这是工程中常见的一种复合约束，常用于桥梁、屋架或天车等结构中，可以用来避免由于温度变化而引起的内部变形应力。通常简图用图 1-16（b）或图 1-16（c）表示。活动铰链支座只能限制构件沿垂直方向的移动，因此约束反力必垂直于支撑面，且通过铰链中心。如图 1-16（b）所示。

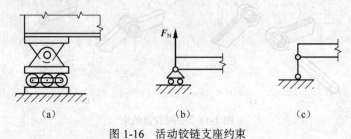

(a)　　　　　　　　(b)　　　　　　　　(c)

图 1-16　活动铰链支座约束

1.3.4　球形铰链约束

物体的一端为球体，能在球壳中转动，如图 1-17（a）所示，这种支座称为球形铰链支座，简称球铰。它的简图如图 1-17（b）所示。球铰能限制任何方向的径向位移，所以球铰约束反力的作用线通过球心并指向任一方向。通常用过球心的 3 个垂直的分力表示，如图 1-17（c）所示。

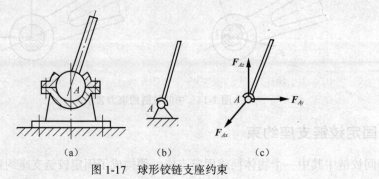

(a)　　　　　　　　(b)　　　　　　　　(c)

图 1-17　球形铰链支座约束

1.3.5　二力杆约束

不计自重，两端均用铰链的方式与周围物体相连接，且不受其他外力作用的杆件，称为链杆。它是二力杆或二力构件。

根据前面二力平衡公理，链杆的约束力必沿杆件两端铰链中心的连线，指向不定。如图 1-6 所示横梁机构中的斜拉杆 *CD* 为二力杆一样，图 1-18 所示的 *BC* 也为二力杆。

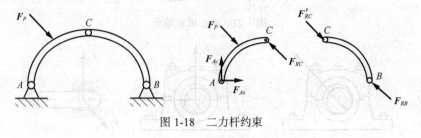

图 1-18　二力杆约束

1.3.6　固定端约束

在工程实际中，图 1-19 所示的车床的刀具、建筑物的阳台、电线杆的塔杆等均不能沿任何方向移动和转动，构件受到的这种约束称为固定端约束。平面问题约束作用如图 1-20 所示。两个正交约束力 F_{Ox} 和 F_{Oy} 表示限制构件的移动作用，一个约束力矩 M_O 表示限制构件的转动作用。

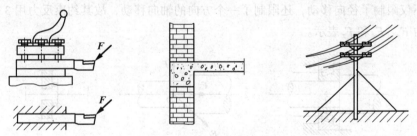

图 1-19　固定端约束示例

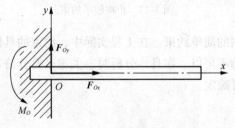

图 1-20　固定端约束

1.3.7　轴承约束

轴承是工程中常见的约束，按照轴承的类型及运动方式不同可分为滑动轴承及止推轴承。

1.　滑动轴承

滑动轴承的示意图如图 1-21 所示，分析简图如图 1-22（a）所示，其只限制了轴的径向移动，故其约束反力如图 1-22（b）、（c）所示，常用正交分力 F_x 和 F_y 表示。

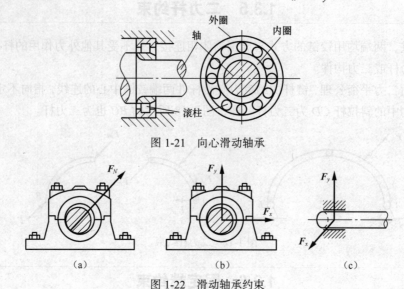

图 1-21　向心滑动轴承

（a）　　　　　　　　（b）　　　　　　　　（c）

图 1-22　滑动轴承约束

2. 止推轴承

用一光滑的面将向心轴承的一段封闭而形成的装置，称为止推轴承，如图 1-23（a）所示。止推轴承不仅限制了径向移动，还限制了一个方向的轴向移动，故其约束反力用 3 个相互垂直的正交分力 F_x、F_y 和 F_z 表示。

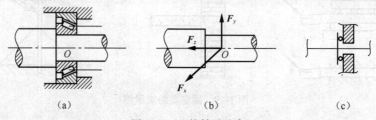

（a）　　　　　　　　（b）　　　　　　　　（c）

图 1-23　止推轴承约束

以上只介绍了几种常用的简单约束。在工程实际中，约束的具体结构是多种多样的，有的可以简化为上述形式，有的不可以。在具体分析时，关键是要分清楚物体哪些方向的运动被限制，相应约束力的方向便可确定。

1.4

受力分析与受力图

在工程实际中，为了求出未知的约束力，需要根据已知力，应用平衡条件求解。为此，首先要确定构件受到几个力，每个力的作用点和方向，这种分析过程称为**物体的受力分析**。表示物体全部受力情况的图称为**受力图**。

物体受力分析的步骤如下。

（1）确定研究对象，取出分离体。

待分析的某物体或者物体系统称为**研究对象**。明确研究对象后，需解除它受到的全部约束，将其从周围物体中分离出来，单独画出其简图，这个过程称为**取分离体**。

（2）画出分离体上所有的主动力。

主动力为重力、拉力等，为图上的已知力。

（3）在分离体的每一处约束处，根据其约束特征画出其约束力。

在解除约束的位置画出相应的约束力来代替约束的作用。

最后，检查受力图正确与否。

需要注意的是，当研究对象为几个物体组成的系统时，还必须区分内力和外力。系统内部各物体之间的相互作用称为系统的**内力**。物体系统以外的周围物体对系统的作用力称为系统的**外力**。因为系统的内力是成对出现，且等值、共线、反向，组成平衡力系，所以受力图上只画外力，不画内力。

下面举例说明受力图的画法。

例 1-1　设小球重量为 G，在 A 处用绳索系在墙上，球的受力如图 1-24（a）所示，试画出小球球心 C 点的受力图（不计摩擦）。

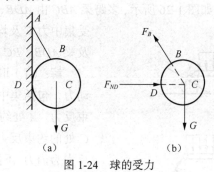

（a）　　　　　　　　（b）

图 1-24　球的受力

解：（1）以球为研究对象，画出球的分离体。

（2）在球心 C 点标出主动力 G。

（3）在解除约束的 B 处画出柔性约束的拉力 F_B，在 D 点画出表示光滑接触面约束的法向约束力 F_{ND}。

需要注意的是，小球受到 3 个不平行的力而处于平衡状态，所以这 3 个力的作用线必汇交于一点——球心 C。

例 1-2　图 1-25（a）所示为悬臂吊车的简图，所吊重物为 W，试作出横梁 ACB 的受力图。

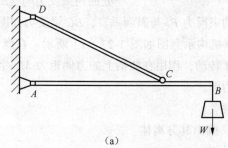

（a）

图 1-25　悬臂吊车横梁受力

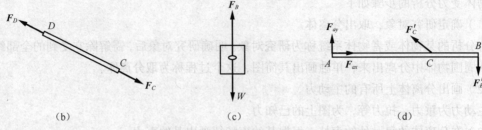

(b)   (c)   (d)

图 1-25　悬臂吊车横梁受力（续）

解：研究对象为横梁 ACB，由图可知其有 3 处约束。分别是固定铰约束、中间铰约束和柔性约束，故有 3 个约束力。可根据各种约束类型分别画出。但如果仔细观察可发现吊车斜拉杆 CD 为二力杆，约束 C 处的约束力作用线方向可直接画出，因此在作图之前先判断分析二力杆较为容易。可采用如下步骤。

（1）以 CD 杆、重物为研究对象，作出其分离体图并画出其约束力，如图 1-25（b）、（c）。

（2）以横梁 ACB 为研究对象，作出其分离体图。

（3）在解除约束的 A、B、C 处画出相应约束的约束力，如图 1-25（d）所示。其中 F_B 与 F'_B，F_C 与 F'_C 互为作用力与反作用力。

例 1-3　多跨梁受力分析如图 1-26 所示，多跨梁 ABC 由 ADB、BC 两个简单的梁组合而成，受集中力 F 及均布载荷 q 作用，试画出整体及梁 ADB、BC 段的受力图。

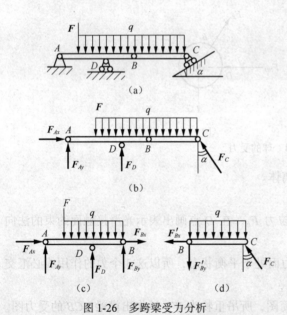

图 1-26　多跨梁受力分析

解：（1）取整体为研究对象，先画出主动力，包括集中力 F 与均布载荷 q，再画约束反力。A 处约束反力为两个正交分力，D、C 处的约束反力与其支撑面垂直，B 处约束反力为内力，不能画出。整体受力图如图 1-26（b）所示。

（2）取 ADB 段的分离体，先画出集中力 F 与均布载荷 q，再画出 A、D、B 处的约束反力 F_{Ax}、F_{Ay}、F_{Bx}、F_{By}。ADB 梁的受力图如图 1-26（c）所示。

（3）取 BC 段的分离体，先画出均布载荷 q，再画出 B、C 处的约束反力，注意 B 处的约束反力与 AB 段 B 处的约束反力是作用力与反作用力关系。C 处的约束反力 F_C 与斜面垂直，BC 梁受力图如图 1-26（d）所示。

例 1-4　内燃机的曲柄活塞机构示意图如图 1-27（a）所示。在燃气推力 F_P 的作用下，活塞 B 通过连杆 AB 推动曲柄 OA 转动，作用在曲柄上的力偶矩为 M，各构件的自身重量不计。试画出活塞 B 和曲柄 OA 的受力图。

解：首先画活塞 B 的受力图。

（1）以活塞 B 为研究对象，画出其分离体。

（2）画出活塞 B 上的主动力 F_P。

（3）活塞 B 有固定铰约束和光滑接触面约束。由图可知连杆 AB 为二力杆，故在铰链 B 处，约束力 F_S 作用线沿连杆 AB 方向；在活塞和气缸内壁接触处，活塞两侧都是气缸内壁的光滑约束，根据连杆推力 F_S 方向，可知活塞只与一侧内壁接触，只受气缸一侧的约束力 F_N。如图 1-27（b）所示。

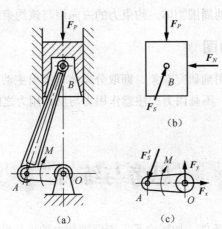

图 1-27　曲柄活塞机构受力分析

再研究曲柄 OA 的受力图。

（1）以曲柄 OA 为研究对象，画出其分离体。

（2）画出曲柄 OA 上的主动力——外力偶 M。

（3）曲柄 OA 上有固定铰约束和中间铰约束。在铰链支座 O 处，为固定铰链，两个分力 F_x、F_y；在铰链 A 处，由二力杆件可知，约束反力为 F_S'。受力图如图 1-27（c）所示。

因为没有要求画连杆的受力图，活塞的 F_S 和曲柄的 F_S' 视为作用力与反作用力。

本章小结

1. 静力学基本概念

（1）力的概念。力是物体间的相互机械作用。力的作用效果是使物体的运动状态发生变化，也可以使物体发生变形。力的三要素是力的大小、方向、作用点。理解力的概念应该注意：力不能脱离物体而独立存在；有力存在，就一定有施力物体和受力物体。

（2）刚体：在力的作用下，形状和大小都保持不变的物体称为刚体。刚体是一个抽象化的力学模型，在一定的条件下可以把物体抽象为刚体。在自然界中，绝对的刚体实际上是不存在的。

（3）平衡：物体相对于惯性参考系保持静止或匀速直线运动的状态。

2. 静力学公理

（1）二力平衡公理。

（2）加减力系平衡公理。

（3）力的平行四边形定理。

（4）作用力与反作用力定理。

3. 约束与约束力

约束是限制某物体运动的周围物体。约束力的方向恒与该约束所能阻碍的位移方向相反。

4. 受力分析与受力图

画物体受力图时首先要明确研究对象，即取分离体；画出主动力与约束力，注意区分内力和外力，受力图上只画外力，不画内力；注意作用力与反作用力之间的相互关系。

思考与练习

1.1　为什么说二力平衡条件、加减力系平衡公理和力的可传性原理等都只适用于刚体？

1.2　"分力一定小于合力"这种说法对不对，为什么？

1.3　如图所示，当求铰链 C 的约束力时，可否将作用于杆 AC 上的点 D 的力 F 沿其作用线移动，变成作用于杆 BC 上的 E 点的力 F'，为什么？

1.4　如图所示，试将作用于点 A 的力 F 依下述条件分解为两个力：（a）沿 AB、AC 两个方向；（b）已知分力 F_1；（c）一分力沿一直线方位 MN，另一分力数值要求最小。

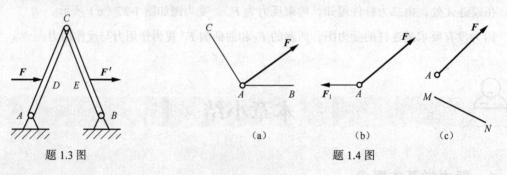

题 1.3 图　　　　　　　　　　　（a）　　　　　　　（b）　　　　　　　（c）

题 1.4 图

1.5　什么叫二力构件？图示结构中，哪些是二力构件？

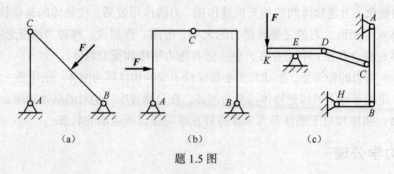

（a）　　　　　　　　　　（b）　　　　　　　　　　（c）

题 1.5 图

1.6　图示是一台回转式起重机，圆柱形立柱的上下两端 A、B 安放在圆孔支座里，设起重

16

机支架自身重量为 W_1，吊起重物的重量为 W_2，试画出起重机的受力图。

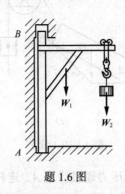

题 1.6 图

1.7 按要求画出下列各图指定物体的受力图。

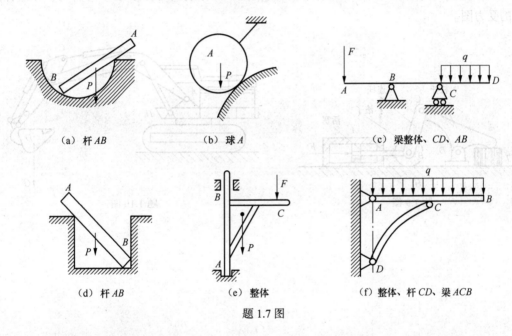

（a）杆 AB （b）球 A （c）梁整体、CD、AB

（d）杆 AB （e）整体 （f）整体、杆 CD、梁 ACB

题 1.7 图

1.8 画出图示机构中系统整体及各个杆件的受力图。图中未画重力各杆件的自重不计，所有接触处均为光滑接触。

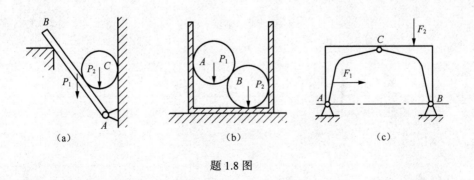

（a） （b） （c）

题 1.8 图

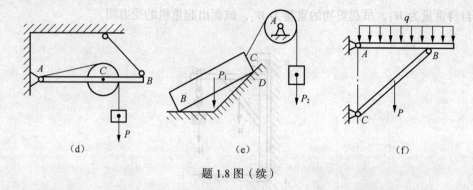

（d）　　　　　　　　（e）　　　　　　　　（f）

题 1.8 图（续）

1.9　油压夹紧装置如图所示，油压力通过活塞 *A*、连杆 *BC* 和杠杆 *DCE* 增大对工件 I 的压力，试分别画滚子 *B* 和杠杆 *DCE* 的受力图。

1.10　挖掘机简图如图所示，*HF* 与 *EC* 为油缸，试分别画出动臂 *AB*，斗杆与铲斗组合体 *CD* 的受力图。

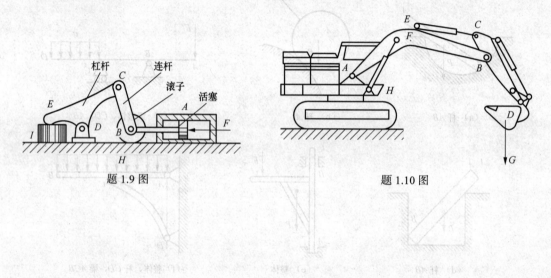

题 1.9 图　　　　　　　　　　　　题 1.10 图

第2章
平面汇交力系与平面力偶系

刚体同时受到若干力的作用时，这些力构成了一个力系。如果作用于某刚体的所有力的作用线都在一个平面上，称该力系为平面力系。如图 2-1（a）所示的起重机械的制动器，其受力都在一个平面内，属于平面力系，而图 2-1（b）所示绞车鼓轮轴其受力则不属于这一类。

平面力系根据力的作用线方位不同又可进一步划分。如果构成一个平面力系的所有力的作用线交于一点，该力系称为平面汇交力系，如图 2-1（c）所示的滑轮 C 的受力；如果一个刚体上同时有两个以上的力偶作用，就构成一个力偶系。作用于刚体上的若干个力偶的作用面如果共面，则称这个力偶系为平面力偶，如图 2-1（d）所示钻床上工件的受力。

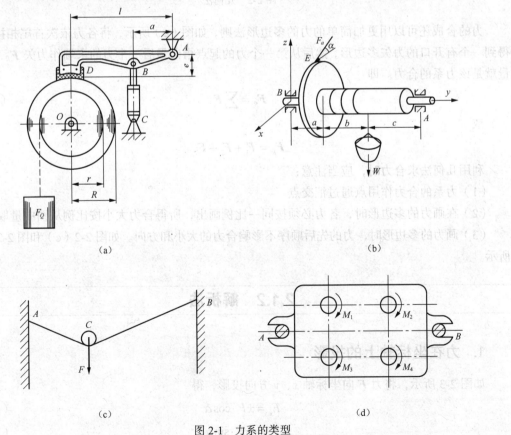

(a)

(b)

(c)

(d)

图 2-1　力系的类型

2.1 平面汇交力系的合成

2.1.1 几何法

通过作图求平面汇交系的合力的方法称为几何法。下面举例说明。

如图 2-2（a）所示，设刚体受一平面汇交系作用，汇交点为 O，如图所示。根据力的平行四边形法则，可以逐次地将这些力两两进行合成，最后得到该力系的合力 F_R，如图 2-2（b）。

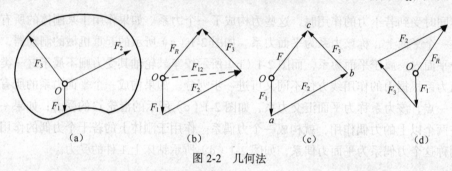

图 2-2　几何法

力的合成还可以用更加简单的力的多边形法则，如图（c）所示，将各力依次首尾相接，会得到一个有开口的力矢多边形，然后从第一个力的起点指向最后一个力的末端作力矢 F_R，则矢量就是该力系的合力。即

$$F_R = \sum F \tag{2.1}$$

或

$$F_R = F_1 + F_2 + F_3$$

利用几何法求合力时，应当注意：

（1）力系的合力作用点通过汇交点。

（2）在画力的多边形时，各力必须按同一比例画出，所得合力大小按比例从图中量取。

（3）画力的多边形时，力的先后顺序不影响合力的大小和方向。如图 2-2（c）和图 2-2（d）所示。

2.1.2 解析法

1. 力在坐标轴上的投影

如图 2-3 所示，将力 F 向坐标轴 x、y 方向投影，得

$$F_x = \pm F \cdot \cos\alpha \tag{2.2}$$

$$F_y = \pm F \cdot \sin\alpha \tag{2.3}$$

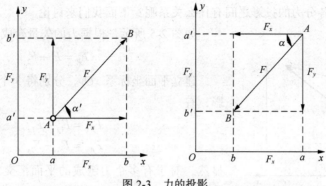

图 2-3　力的投影

其中，正负号的规定是从起点到终点的方向与坐标轴一致，投影为正，反之为负。需要注意的是，投影和分力是不一样的，投影只有大小和正负，是个标量。

例 2-1　已知力 F_1=100N，F_2=50N，F_3=60N，F_4=80N，力的方向如图 2-4 所示，试分别求出各力在坐标轴上的投影。

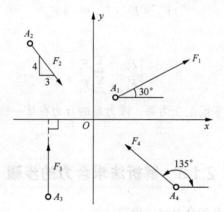

图 2-4　力在坐标轴上的投影

解：

$$F_{1x} = F_1 \cos 30° = 100 \times 0.866 = 86.6\text{N}$$

$$F_{1y} = F_1 \sin 30° = 100 \times 0.5 = 50\text{N}$$

$$F_{2x} = F_2 \times \frac{3}{5} = 50 \times 0.6 = 30\text{N}$$

$$F_{2y} = -F_2 \times \frac{4}{5} = -50 \times 0.8 = -40\text{N}$$

$$F_{3x} = 0$$

$$F_{3y} = F_3 = 60\text{N}$$

$$F_{4x} = F_4 \cos 135° = -80 \times 0.707 = -56.56\text{N}$$

$$F_{4y} = F_4 \sin 135° = 80 \times 0.707 = 56.56\text{N}$$

2. 合力投影定理

前面讲到力的平面表示法 $\boldsymbol{F} = \boldsymbol{F}_x + \boldsymbol{F}_y$，即一个力可以用它在平面坐标轴上的投影来表示，那么合力的投影和各分力的投影之间有什么关系呢？下面我们来讨论。

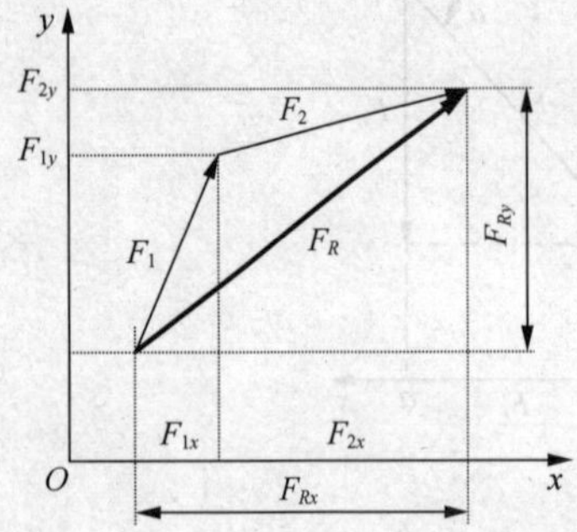

如图 2-5 所示，根据力的矢量合成，有

$$F_R = F_1 + F_2$$

建立平面坐标系 xOy，分别将 3 个力向两个坐标轴投影，有

$$\begin{cases} F_{Rx} = F_{1x} + F_{2x} \\ F_{Ry} = F_{1y} + F_{2y} \end{cases} \qquad (2.4)$$

显然，对于有多个力组成的平面汇交力系，按照矢量合成，有

$$F_R = F_1 + F_2 + \cdots + F_n = \sum_{i=1}^{n} F_i \qquad (2.5)$$

图 2-5

它们的投影关系为

$$\begin{cases} F_{Rx} = F_{1x} + F_{2x} + \cdots + F_{nx} \\ F_{Ry} = F_{1y} + F_{2y} + \cdots + F_{ny} \end{cases} \qquad (2.6)$$

或简记为

$$\begin{cases} F_{Rx} = \sum F_x \\ F_{Ry} = \sum F_y \end{cases} \qquad (2.7)$$

这就是**合力投影定理**：对于平面汇交力系，该力系的合力在某一轴上的投影等于各个分力在同一轴上投影的代数和。

2.1.3 解析法求合力的步骤

用解析法求平面汇交力系的合力时，步骤如下。

（1）求出力系中各力在 x、y 坐标轴上的投影。

（2）由合力投影定理求出合力在 x、y 坐标轴上的投影 F_{Rx}、F_{Ry}。

（3）合力 F_R 的大小及方向用下式表示。

$$F_R = \sqrt{F_{Rx}^2 + F_{Ry}^2} \qquad (2.8)$$

$$\tan \alpha = \left| \frac{F_{Ry}}{F_{Rx}} \right| \qquad (2.9)$$

例 2-2 固定于墙内的环形螺钉上，作用有 3 个力 F_1、F_2、F_3，大小分别为 3 kN、4 kN、5 kN，方向如图 2-6（a）所示，试求螺钉作用在墙上的力。

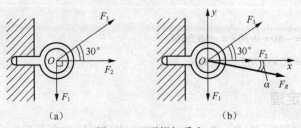

（a）   （b）

图 2-6 环形螺钉受力

解：（1）先建立坐标系 xOy，如图 2-6（b）所示。

求出各力在 x、y 坐标轴上的投影。

$$F_{1x}=0, \quad F_{2x}=F_2=4\text{kN}, \quad F_{3x}=F_3\cos30°=\frac{5\sqrt{3}}{2}\text{kN}$$

$$F_{1y}=F_1=-3\text{kN}, \quad F_{2y}=0, \quad F_{3y}=F_3\sin30°=2.5\text{kN}$$

（2）$F_{Rx}=F_{1x}+F_{2x}+F_{3x}=\left(4+\frac{5}{2}\sqrt{3}\right)\text{kN}\doteq8.33\text{kN}$

$\qquad F_{Ry}=F_{1y}+F_{2y}+F_{3y}=-0.5\text{kN}$

（3）由此，求合力的大小和方向。

$$F_R=\sqrt{F_x^2+F_y^2}=\sqrt{(8.33)^2+(-0.5)^2}=8.345\text{kN}$$

$$\tan\alpha=\left|\frac{F_{Rx}}{F_{Ry}}\right|=\left|\frac{8.33}{-0.5}\right|=16.66$$

$\alpha=3.6°$，方向如图 2-6（b）所示。

2.2 平面汇交力系的平衡及应用

由平面汇交力系的合成知，平面汇交力系平衡的充要条件是合力为零。用解析表达式，则有 $F_R=\sqrt{(\sum F_x)^2+(\sum F_y)^2}=0$ 即

$$\begin{cases}\sum F_x=0\\\sum F_y=0\end{cases} \qquad (2.10)$$

例 2-3　支架由直杆 AB、AC 构成，A、B、C 3 处都是铰链，在 A 点悬挂重量为 $F_G=20$ kN 的重物，如图 2-7（a）所示。求杆 AB、AC 所受的力，杆的自重不计。

解：（1）取 A 铰为研究对象。画受力图，如图 2-7（b）所示。

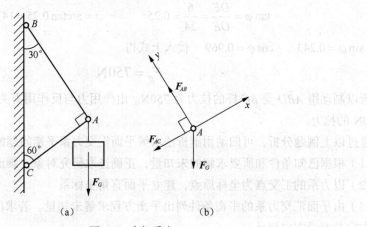

图 2-7　支架受力

（2）建立坐标系。

（3）列平衡方程。

由 $\sum F_x = 0$ $-F_{AC} - F_G \cos 60° = 0$ 得

$$F_{AC} = -F_G \cos 60° = -10\text{kN}$$

由 $\sum F_y = 0$ $F_{AB} - F_G \sin 60° = 0$ 得

$$F_{AB} = F_G \sin 60° = 17.3\text{kN}$$

计算结果 F_{AB} 为正，表示该力实际指向与受力图中假设方向一致，AB 杆受拉；F_{AC} 为负，表示该力实际指向与受力图中假设方向相反，AC 杆受压。

例 2-4 图 2-8（a）所示是汽车制动机构的一部分，司机踩到制动蹬上的力 $F=212\text{N}$，方向与水平面呈 $\alpha=45°$。当平衡时，BC 水平，AD 铅直，试求拉杆 BC 所受的力。已知 $EA = 24\text{cm}$，$DE = 6\text{cm}$（点 E 在铅直线 AD 上），又 B、C、D 都是光滑铰链，机构自重不计。

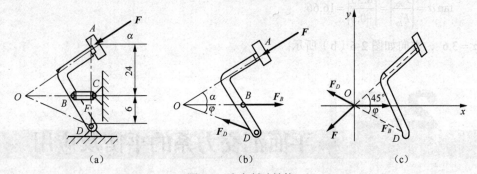

图 2-8　汽车制动结构

解：（1）取制动蹬 ABD 为研究对象。画出其受力图，如图 2-8（b）所示。

（2）建立直角坐标系，如图 2-8（c）所示。

（3）列平衡方程。

$$\sum F_x = 0 \quad F_B - F \cos 45° - F_D \cos \varphi = 0$$
$$\sum F_y = 0 \quad F_D \sin \varphi - F \sin 45° = 0$$

又 $\alpha = 45°$ $OE = AE = 24\text{cm}$

$$\tan \varphi = \frac{DE}{OE} = \frac{6}{24} = 0.25 \qquad \varphi = \arctan 0.25 = 14°2'$$

所以 $\sin \varphi = 0.243$ $\cos \varphi = 0.969$ 代入上式得

$$F_B = 750\text{N}$$

所以制动蹬 ABD 受 BC 杆的拉力为 750N。由作用力与反作用力关系知，BC 杆也受到大小为 750N 的拉力。

通过以上例题分析，可归纳用解析法求解平面汇交力系平衡问题的步骤如下。

（1）根据已知条件和所要求解的未知量，正确选取研究对象，画出研究对象的受力图。

（2）以力系的汇交点为坐标原点，建立平面直角坐标系。

（3）由平面汇交力系的平衡条件列出平衡方程求解未知量。若求出的力为负值，说明力的实际方向与假设方向相反。

2.3 力矩

2.3.1 力矩的概念

实践证明,力对物体的外效应不仅有移动,还有转动。

如图 2-9 所示,用扳手转动螺母时,作用于扳手 A 点的力 F 使得扳手与螺母一起绕着螺母中心点 O 转动。由经验可知,力 F 使扳手绕着螺母中心 O 的转动效应不仅与力 F 的大小成正比,而且与螺母中心 O 到力的作用线的垂直距离 d 成正比。因此,定义 Fd 为力使物体对点 O 产生转动效应的度量,称为力 F 对 O 点之距,简称力矩,用 $M_O(F)$ 表示,即

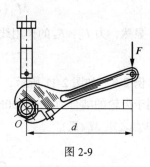

图 2-9

$$M_O(F) = \pm F \cdot d \qquad (2.11)$$

式中,O 点称为矩心,距离 d 为力臂。在平面问题中,力对点之距是代数量,乘积 $F \cdot d$ 称为力矩的大小,"$\pm$"表示力矩的转向,规定逆时针为正,反之为负。

力矩的单位为 $\text{N} \cdot \text{m}$ 或者 $\text{kN} \cdot \text{m}$。

应当注意的是,一般来说同一个力对不同点产生的力矩是不同的,所以不指名矩心而求力矩是无意义的。因此,在表示力矩时,必须标明矩心。

2.3.2 力矩的性质

由力矩的定义可知力矩有如下性质。

(1)当力沿其作用线移动时,力对点之距不变。

(2)当力的大小为零或者力的作用线通过矩心时,力矩为零。

2.3.3 合力矩定理

合力矩定理:平面汇交力系的合力对平面内任一点之矩等于各分力对该点之矩的代数和。即

$$M_O(F_R) = M_O(F_1) + M_O(F_2) + \cdots + M_O(F_R) = \sum M_O(F) \qquad (2.12)$$

由合力矩定理可知,当力矩的力臂不容易求出时,通常可以将力分解为两个力臂直观明了的分力(通常是正交分解)。

例 2-5 如图 2-10 所示,$F_1 = F_2 = F_3 = F_4 = 100\text{N}$,$d_1 = 120\text{mm}$,$d_2 = 80\text{mm}$,试求各力对 A 点之矩。

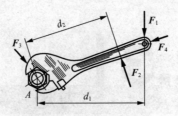

图 2-10　扳手受力示意图

解：

$$M_A(\boldsymbol{F}_1) = -F_1 \cdot d_1 = -100 \times 120 \times 10^{-3} = -12 \, \mathrm{N \cdot m}$$

$$M_A(\boldsymbol{F}_2) = -F_2 \cdot d_2 = -100 \times 80 \times 10^{-3} = 8 \, \mathrm{N \cdot m}$$

显然，力 F_3、F_4 的作用线均通过矩心，故

$$M_A(\boldsymbol{F}_3) = M_A(\boldsymbol{F}_4) = 0$$

例 2-6　如图 2-11 所示，小齿轮带动大齿轮转动，已知大齿轮分度圆直径为 $D_2 = 300 \, \mathrm{mm}$，作用于齿轮的啮合力 $F_n = 1000\mathrm{N}$，压力角 α（啮合力与齿轮节圆切线间夹角）$=20°$ 求啮合力对轮心 O 点之矩 $M_O(F_n)$。

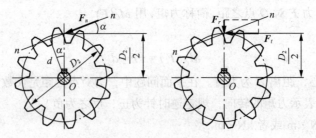

图 2-11　齿轮啮合力示意图

解法一： 按力矩的定义计算

$$M_O(\boldsymbol{F}_n) = F_n \cdot d = F_n \cdot \frac{D_2}{2} \cos 20° = 1000 \times 0.15 \times \cos 20° = 141 \, \mathrm{N \cdot m}$$

解法二： 按合力矩定理计算

将啮合力分解为圆周切向和径向两个分力。

圆周力 $F_t = F_n \cos\alpha$

径向力 $F_r = F_n \sin\alpha$

则由合力矩定理可得

$$M_O(F_n) = M_O(F_t) + M_O(F_r) = F_t \cdot \frac{D_2}{2} + 0$$

$$= F_n \cos\alpha \cdot \frac{D}{2}$$

$$= 1000 \times \cos 20° \times \frac{300 \times 10^{-3}}{2}$$

$$= 141 \mathrm{N \cdot m}$$

2.4 力偶

2.4.1 力偶的概念

在实际生活中，我们可以见到汽车司机用双手转动方向盘、钳工用丝锥攻螺纹、电机通过联轴器带动机器等，如图 2-12 所示。在方向盘、丝锥、螺栓孔等物体上都作用了成对的等值、反向且不共线的平行力，它们能使物体改变转动状态。这样一对等值、反向、不共线的平行力组成的力系，称为**力偶**，记作（F,F'）。

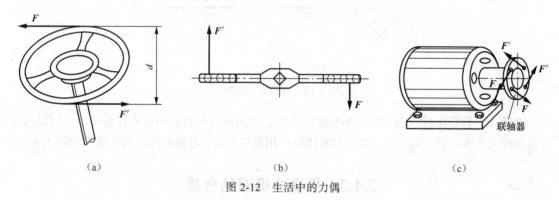

(a)	(b)	(c)

图 2-12 生活中的力偶

组成力偶的两个力由于不共线，所以不是平衡力。力对刚体的作用效果是移动和转动，而力偶对刚体的作用效果只是使其转动。力偶中两力的作用线所确定的平面称为**力偶的作用面**，两力作用线之间的垂直距离称为**力偶臂**，力偶产生的转动效应的强弱用力偶矩来度量。力偶中任一力的大小 F 与力偶臂 d 的乘积再冠以相应的正负号，称为**力偶矩**，记为 $M(F,F')$ 或 M，即

$$M(F,F') = M = \pm F \cdot d \qquad (2.13)$$

式中，"$\pm$"表示力偶的转向，规定逆时针为正，反之为负。

力偶矩的单位为 N·m 或者 kN·m。

力偶矩的大小、力偶的转向和力偶作用面的方位合称为力偶的三要素。凡三要素相同的力偶彼此等效。

对同一平面内的力偶，由于力偶作用面的方位相同，故力偶的效应只取决于力偶矩的大小和力偶的转向。因此，只要保证这两个要素不变，两个力偶即彼此等效。

2.4.2 力偶的性质

性质 1 力偶在任一轴上的投影之和为零。力偶无合力，即力偶既不能与一个力等效，也

不能简化为一个力。力偶只能和力偶平衡。

性质 2 力偶对其作用面内任一点之矩恒等于力偶矩，与矩心位置无关。

如图 2-13 所示，设力偶中的两力与×轴夹角为 α，则力偶在 x 轴上的投影，等于二力在 x 轴上的投影之和，即

$$\sum F_x = F\cos\alpha - F'\cos\alpha = 0$$

已知力偶（$\boldsymbol{F},\boldsymbol{F'}$）的力偶矩为 $M = F \cdot d$，在其作用面内任取一点 O 作为矩心，设点 O 到力 $\boldsymbol{F'}$ 的距离为 x，则力偶（$\boldsymbol{F},\boldsymbol{F'}$）对 O 点之矩为

$$M_O(F) + M_O(F') = F(x+d) - F'(x) = F \cdot d$$

显然，力偶矩与矩心位置无关。

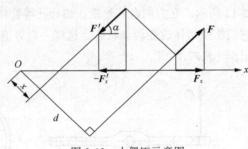

图 2-13 力偶矩示意图

性质 3 只要保持力偶矩的大小和转向不变，力偶可以在其作用面内任意移动；同时改变力偶中的大小和力偶臂的长短，力偶对刚体的作用效应不变。力偶也可以用带弧线的箭头表示。

2.4.3 平面力偶系的合成

作用在物体上同平面内若干个力偶 M_1, M_2, $\cdots$, M_n 组成的力系称为平面力偶系。由力偶的性质可知，平面力偶系不能和一个力等效，只能与一个力偶等效，该力偶称为平面力偶系的合力偶。可以证明，合力偶的矩等于各分力偶矩的代数和，即

$$M = M_1 + M_2 + \cdots + M_n = \sum M_i \tag{2.14}$$

2.5 平面力偶系的平衡及应用

由前面力偶的合成可知，平面力偶系的合成结果为一合力偶，合力偶矩的大小等于各分力偶矩的代数和。故平面力偶系的平衡条件是合力偶矩为零，即

$$M = \sum M_i = M_1 + M_2 + \cdots + M_n = 0 \tag{2.15}$$

式（2.15）为平面力偶系的平衡方程。

例 2-7 用多轴钻床在一水平放置的工件上同时钻出 3 个直径相同的孔，如图 2-14（a）所示，设钻头作用在工件上的切削力偶矩大小 $M_1 = M_2 = 10\text{N} \cdot \text{m}$，$M_3 = 20\text{N} \cdot \text{m}$。问此时工件受到

的总切削力偶矩为多大？若不计摩擦，加工时用两个螺钉 A,B 固定工件，AB 间距离 l =200mm，试求螺钉受力。

解：（1）求总切削力偶矩。

作用于工件上的 3 个切削力偶组成平面力偶系。由平面力偶系的合成可知工件所受总切削力偶矩为

$$\sum M = -M_1 - M_2 - M_3 = -40\text{N} \cdot \text{m}$$

其中，负号表示合力偶矩的方向为顺时针。

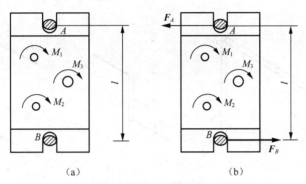

图 2-14　多轴钻床工件受力示意

（2）求螺钉 A 和 B 受力。

取工件为研究对象，画出其受力图，如图 2-14（b）所示。

工件上的主动力为 3 个力偶，约束力为 F_A 与 F_B。因为力偶只能和力偶平衡，因此 F_A 与 F_B 必组成一个力偶，将距离 l =200mm 设为此力偶的力偶臂，则 F_A 与 F_B 的作用线必垂直于 AB 连线，均为水平方向。工件在平面力偶系作用下处于平衡状态，由式（2.15）可得

$$\sum M_i = 0 \qquad \sum M + M(F_A, F_B) = 0$$
$$-40 + F_A \times 200 \times 10^{-3} = 0$$
$$F_A = F_B = 200\text{N}$$

螺钉 A 和 B 受力与工件上 A、B 受力 F_A、F_B 成反作用力。

例 2-8　电动机的功率是通过联轴器传递给工作轴的。联轴器是电动机转轴与工作机械转动轴的连接部件，它由两个法兰盘和连接两者的螺栓组成。如图 2-15 所示，4 根螺栓 A、B、C、D 均匀分布在同一圆周上，四周直径 D =200mm。已知电动机轴传递给联轴器的力偶矩 M =2.5kN · m，设每根螺栓所受的力大小相等，即 $F_1 = F_2 = F_3 = F_4 = F$。试求螺栓受力大小 F。

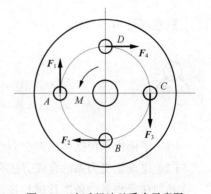

图 2-15　电动机法兰受力示意图

解：取法兰盘为研究对象。其上作用有主动力偶 M 以及四根螺栓的约束力。根据联轴器的工作特点，螺栓作用力方向如图 2-15 所示。则 F_1 与 F_3，F_2 与 F_4 组成两个力偶，且两个力偶的力偶矩大小相等，转向相同，法兰盘在平面力偶系的作用下平衡，

则

$$\sum M_i = 0 \qquad M - 2 \times F \times D = 0$$

故

$$F = \frac{M}{2D} = \frac{2.5 \times 10^3}{2 \times 200 \times 10^{-3}} = 6.25 \text{kN}$$

例 2-9　如图 2-16 所示铰链四杆机构 $OABD$，在杆 OA 和 BD 上分别作用着矩为 M_1、M_2 的力偶，而使机构在图上的位置处于平衡。已知 $OA = r$，$DB = 2r$，$\alpha = 30°$，不计杆重，试求 M_1 和 M_2 间的关系。

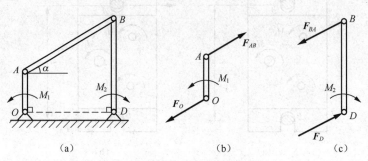

（a）　　　　　　　　　（b）　　　　　　　　　（c）

图 2-16　铰链四杆机构受力示意图

解： 首先判断出 AB 杆为二力杆。

（1）对杆 OA 进行受力分析。OA 杆受主动力为力偶 M_1，约束力为铰链 O 和铰链 A 处的力，可知 OA 杆受平面力偶系作用平衡，力 F_O 和 F_{AB} 组成力偶，方向如图 2-16（b）所示。同理可得 BD 杆受力，如图 2-16（c）所示。

（2）分别写出杆 OA、BD 的平衡方程。

由 $\sum M = 0$ 得

$$M_1 - F_{AB} \times r\cos\alpha = 0$$
$$-M_2 + 2F_{BA} r\cos\alpha = 0$$
$$F_{AB} = F_{BA}$$

联立可得 $M_2 = 2M_1$。

本章小结

（1）平面力系包括平面汇交力系、平面力偶系及平面平行力系和平面任意力系。

（2）平面汇交力系的合成方法有几何法和解析法。

几何法是将各力依次首尾相接，会得到一个有开口的力矢多边形，然后从第一个力的起点指向最后一个力的末端作力矢 F_R 即为该力系的合力。

解析法求合力，其大小及方向用下式表示。

$$F_R = \sqrt{F_{Rx}{}^2 + F_{Ry}{}^2}$$

$$\tan\alpha = \left| \frac{F_{Ry}}{F_{Rx}} \right|$$

（3）平面汇交力系平衡方程为

$$\begin{cases} \sum F_x = 0 \\ \sum F_y = 0 \end{cases}$$

（4）力矩是物体转动效应的度量，用力对点之矩 $M_O(\boldsymbol{F}) = \pm F \cdot d$ 和合力矩定理 $M_O(\boldsymbol{F}_R) = \sum M_O(\boldsymbol{F})$ 来计算平面上力对点之矩。

（5）力偶是另一个基本力学量，它的作用效应取决于三要素：力偶矩的大小、转向和力偶作用面。力偶矩的大小 $M(\boldsymbol{F}, \boldsymbol{F}') = M = \pm F \cdot d$。

力偶矩等效的条件：三要素相同的力偶彼此等效。

力偶的性质：①力偶在任一轴上的投影之和为零。②力偶对其作用面内任一点之矩恒等于力偶矩，与矩心位置无关。③只要保持力偶矩的大小和转向不变，力偶可以在其作用面内任意移动；同时改变力偶中的大小和力偶臂的长短，力偶对刚体的作用效应不变。

（6）平面力偶系合成的结果是一合力偶，其平衡方程为 $M = \sum M_i = M_1 + M_2 + \cdots + M_n = 0$。

思考与练习

2.1 已知 $\boldsymbol{F}_1 = 100\text{N}$，$\boldsymbol{F}_2 = 150\text{N}$，$\boldsymbol{F}_3 = \boldsymbol{F}_4 = 200\text{N}$，各力的方向如图所示。试分别求出各力在 x 轴和 y 轴上的投影。

2.2 如图所示，圆盘在力偶 $M = Fr$ 和力 $\boldsymbol{F}$ 的作用下保持平衡，能否说明力偶和力保持平衡，为什么？

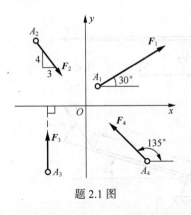

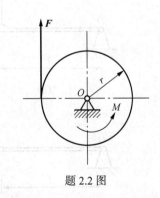

题 2.1 图   题 2.2 图

2.3 如图所示，物体在某平面内受到 3 个力偶的作用。设 $\boldsymbol{F}_1 = 200\text{N}$，$\boldsymbol{F}_2 = 600\text{N}$，$M = 100\text{N} \cdot \text{m}$，求其合力偶。

2.4 铆接钢板在孔 A、B、C 和 D 处受 4 个力作用，孔间尺寸如图所示。已知 $\boldsymbol{F}_1 = 50\text{ N}$，$\boldsymbol{F}_2 = 100\text{ N}$，$\boldsymbol{F}_3 = 150\text{ N}$，$\boldsymbol{F}_4 = 200\text{ N}$。求此汇交力系的合力。

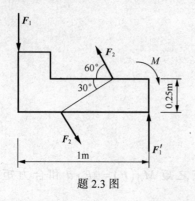

题 2.3 图

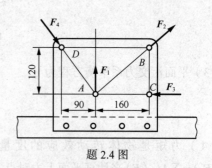

题 2.4 图

2.5 组合机床加工工件时，同时钻 4 个径向孔，钻头对工件的压力（其他力不考虑）分别为 F_1=500 N，F_2=1000 N，F_3=600 N，F_4=2000 N，各力的方向如图所示。求此 4 个力的合力。

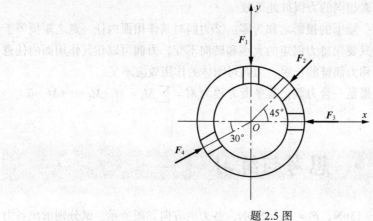

题 2.5 图

2.6 计算下列各图中力 F 对 O 点的矩。

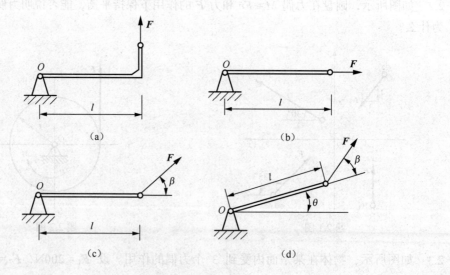

题 2.6 图

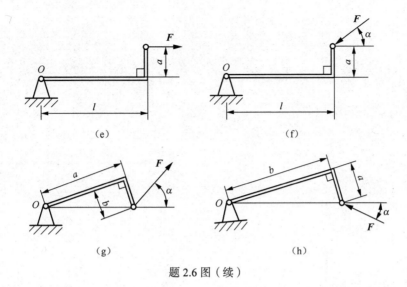

题 2.6 图（续）

2.7 图示三角支架由杆 AB、AC 铰接而成，在 A 处作用有重力 G，分别求出图中 4 种情况下杆 AB、AC 所受的力（不计杆自重）。

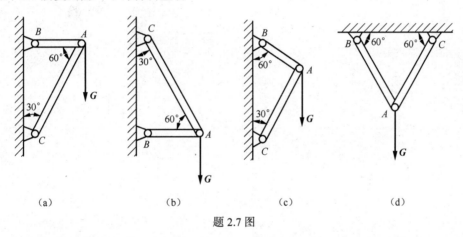

（a）   （b）   （c）   （d）

题 2.7 图

2.8 如图所示，这是一个刹车的操纵机构，驾驶员脚的踏力 F 既不水平，也不铅直，与水平成 $\alpha=30°$。在脚踏力 F 作用下，A 点左移，摇臂 ABC 绕 B 点转动，C 点右移，通过液压油控制刹车。已知 $F=300\,\text{N}$，$a=0.25\,\text{m}$，$b=0.05\,\text{m}$。求 $M_B(F)$。

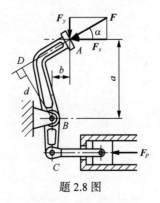

题 2.8 图

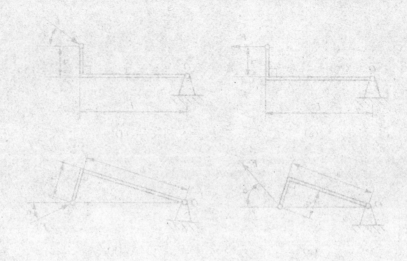

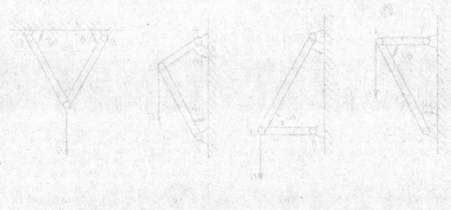

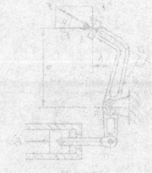

第3章

平面任意力系

第2章讲述了平面汇交力系和平面力偶系。平面汇交力系和平面力偶系构成平面任意力系。

工程实际中，大多数的平面力系其力的作用线并不全汇交于一点，或者并非全是受力偶的作用。平面力系中所有力的作用线并不都交于一点；或者一个刚体上作用有一个平面汇交力系的同时，该平面上还作用有力偶系，这样的力系称之为平面任意力系。如图3-1（a）所示的液压式夹紧机构，对于整个力系而言，其受力的作用线并不全汇交于一点，所以为平面任意力系；再如图3-1（b）所示的曲柄连杆机构的受力，不仅作用的有平面力系，还有平面力偶系的作用，所以为平面任意力系。平面汇交力系、平面力偶系和平面平行力系（详见3.3.4）都是平面任意力系的特殊形式。

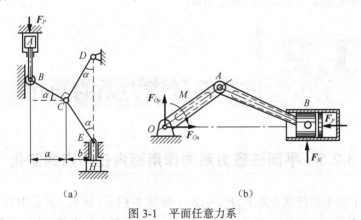

（a）   （b）

图 3-1　平面任意力系

3.1 力的平移定理

力对刚体的作用效应取决于力的三要素。若改变其中任一个要素，比如使力离开原作用线平行移动，则必然改变原力对刚体的作用效应。下面讨论将力平移时，需要附加什么样的条件才能保持其作用效应不变。

设在刚体上 A 点处作用一力 F，如图 3-2（a）所示。若要将此力平行移动到刚体上距离 F 为 h 的任意一点 B 处，可以根据加减平衡力系原理，在 B 点处加上一对与 F 作用线平行的平衡力 F 和 F'，且使 $F'=-F$，如图 3-2（b）所示。显然，加上一对平衡力后的新力系与原力系等效，且新力系中 F 和 F' 组成一力偶，其力偶矩为 $M=F \cdot h = M_B(F)$。

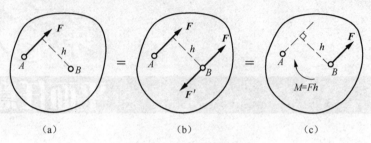

图 3-2　力的平移定理

因此，作用于刚体上的力可以从原作用点 A 点平行移到刚体平面内任一指定点 B，但必须同时附加一力偶，附加力偶矩等于原力对指定点之矩。这就是**力的平移定理**。

力的平移定理表明：一个力可以与一个力和一个力偶等效。反之，在同一平面内的一力 F 和一力偶 M 也可以进一步合成为一个合力 F_R，且 $F_R=F$。

以下几点需要注意。

（1）力的平移定理只适用于刚体，且只能在同一刚体上移动。

（2）力平移的条件是附加一个力偶 M，且 M 的大小与原作用点和指定点之间的距离有关。

（3）力的平移定理是力系简化的理论基础。

3.2 | 平面任意力系的简化

3.2.1　平面任意力系向作用面内任一点的简化

作用于刚体上的平面任意力系 $F_1, F_2, \cdots, F_n$，如图 3-3（a）所示。力系中各力的作用点分别是 $A_1, A_2, \cdots, A_n$，在平面内任取一点 O，称为简化中心。根据力的平移定理，将力系中各力的作用线平移至 O 点，得到一汇交于 O 点的平面汇交力系 $F_1', F_2', \cdots, F_n'$ 和一附加平面力偶系 $M_1, M_2, \cdots, M_n$，且 $M_1 = M_O(F_1)$，$M_2 = M_O(F_2)$，$\cdots M_n = M_O(F_n)$，如图 3-3（b）所示，将平面汇交力系和平面力偶系分别合成，可得到一个作用于 O 的力 F_R' 与一个力偶 M_O，如图 3-3（d）所示。

平面汇交力系各力的矢量和为

$$F_R' = \sum F' = \sum F$$

力 F_R' 等于原力系中各力的矢量和，称为原力系的**主矢**。主矢 F_R' 的大小和方向可按照平面汇交力系的合成公式来计算。

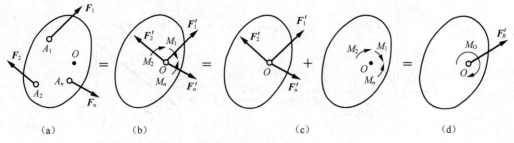

图 3-3　平面任意力系向平面内任一点简化

$$F_{Rx}' = \sum F_x \qquad F_{Ry}' = \sum F_y$$

$$F_R' = \sqrt{(\sum F_{Rx}')^2 + (\sum F_{Ry}')^2} = \sqrt{(\sum F_x)^2 + (\sum F_y)^2}$$

$$\tan \alpha = \left| \frac{\sum F_y}{\sum F_x} \right| \qquad\qquad (3.1)$$

式中，F_{Rx}'，F_{Ry}'，F_x，F_y 分别是主矢与各力在 x,y 轴上的投影；F_R' 为主矢的大小，夹角 α 为锐角；F_R' 的指向由 $\sum F_x$ 和 $\sum F_y$ 的正负号决定。

显然，取不同的点为简化中心时，主矢的大小和方向保持不变，即主矢与简化中心的位置无关。

附加平面力偶系的合成结果为一合力偶，其合力偶矩为

$$M_O = M_1 + M_2 + \cdots + M_2 = \sum M_O(F) = \sum M \qquad\qquad (3.2)$$

M_O 称为原力系对简化中心 O 的**主矩**，其大小等于原力系中各力对简化中心 O 之矩的代数和。在一般情况下，取不同的点为简化中心，所得的主矩是不同的，即主矩和简化中心位置有关。

显然，原力系与主矢和主矩的联合作用等效。

3.2.2　平面任意力系简化结果的讨论

平面任意力系向平面内任一点简化，一般可得到一个力（主矢）和一个力偶（主矩），但这并不是简化的最终结果。根据主矢和主矩是否存在，简化最终结果可能出现表 3-1 所列的 4 种情况：

表 3-1　　　　　　　　　　　　　　　平面任意力系简化结果

主矢 F_R'	主矩 M_O	简化结果	意　义	与简化中心关系
$F_R' = 0$	$M_O = 0$	力系平衡	原力系为平衡力系	与简化中心位置无关
	$M_O \neq 0$	合力偶	原力系为平面力偶系	与简化中心位置无关
$F_R' \neq 0$	$M_O = 0$	合力 F_R	原力系为平面汇交力系	合力作用线通过简化中心
	$M_O \neq 0$	合力 F_R	原力系为平面任意力系	合力作用线与简化中心点的距离 $d = \dfrac{\lvert M_O \rvert}{F_R}$

例 3-1　试求图 3-4（a）中平面力系向 O 点简化的结果。

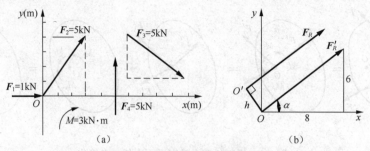

图 3-4 平面内力系向 O 点简化

解：将各力向 O 点简化。

（1）计算主矢。

$$F_{Rx}' = \sum F_x = F_1 + F_{2x} + F_{3x} = 1 + 3 + 4 = 8\text{kN}$$

$$F_{Ry}' = \sum F_y = F_{2y} - F_{3y} + F_4 = 4 - 3 + 5 = 6\text{kN}$$

$$F_R' = \sqrt{\left(\sum F_{Rx}'\right)^2 + \left(\sum F_{Ry}'\right)^2} = 10\text{kN}$$

主矢 F_R' 与 x 轴夹角 α 为 $\tan\alpha = \left|\dfrac{F_{Ry}'}{F_{Rx}'}\right| = \dfrac{3}{4}$

$\alpha = 37°$，在第一象限，如图 3-4（b）所示。

（2）计算主矩。

$$M_O = \sum M_O(F_i) = -4F_{3x} - 6F_{3y} + 5F_4 - M = -16 - 18 + 25 - 3 = -12\text{kN·m}$$

（3）计算合力。

因 $F_R' \neq 0$，$M_O \neq 0$，力系合成一个合力，且 $F_R = F_R' = 10\text{kN}$，作用线距简化中心 O 点距离为

$$h = \left|\frac{M_O}{F_R}\right| = 1.2\text{m}$$

M_O 为负值，合力的作用位置如图 3-4（b）所示。

3.3

平面任意力系的平衡及应用

3.3.1　平面任意力系的平衡条件

由表 3-1 知，平面任意力系向一点简化后，若主矢和主矩均为零，则此力系为平衡力系。反之，若某平面任意力系是平衡力系，则向一点简化所得主矢和主矩必均为零。故平面任意力系平衡的充分必要条件为：主矢和主矩同时为零，即

$$\begin{cases} F_R' = \sqrt{(\sum F_x)^2 + (\sum F_y)^2} = 0 \\ M_O = \sum M_O(\boldsymbol{F}) = 0 \end{cases}$$

故有 $\qquad\qquad \begin{cases} \sum F_x = 0 \\ \sum F_y = 0 \\ \sum M_O(\boldsymbol{F}) = 0 \end{cases}$ $\qquad\qquad\qquad$ （3.3）

式（3.3）称为平面任意力系的平衡方程的基本形式，其中，前两式为投影方程，第三式为力矩方程，所以也简称为二投影一矩式。它表明平面任意力系平衡的充要条件是：力系中各力在平面内任意两个轴上投影的代数和均为零，各力对平面内任一点之矩的代数和也为零。3 个独立的平衡方程可求解包含 3 个未知量的平衡问题。

3.3.2 平面任意力系平衡方程的其他形式

平面任意力系的平衡方程除了式（3.2）外，还有如下两种形式。

（1）一投影两矩式平衡方程。

$$\begin{cases} \sum F_x = 0（或\sum Fy = 0） \\ \sum M_A(\boldsymbol{F}) = 0 \\ \sum M_B(\boldsymbol{F}) = 0 \end{cases} \qquad （投影轴 x 或 y 不能与 A、B 两点的连线垂直） \qquad （3.4）$$

（2）三矩式平衡方程。

$$\begin{cases} \sum M_A(\boldsymbol{F}) = 0 \\ \sum M_B(\boldsymbol{F}) = 0 \\ \sum M_C(\boldsymbol{F}) = 0 \end{cases} \qquad （A、B、C 3 点不能共线） \qquad （3.5）$$

3.3.3 平面任意力系平衡问题的解题方法与步骤

（1）确定研究对象，画出受力图。

将已知力和未知力共同作用的物体作为研究对象，取出分离体画受力图。

（2）选取投影坐标轴和矩心，列平衡方程。

列平衡方程时，恰当选取坐标轴和矩心，将可使单个平衡方程中未知量的个数减少，便于求解。因此，投影轴应尽可能与较多的未知力垂直，矩心尽可能取在较多未知力的交点上。

若受力图上有两个未知力相互平行，可选垂直于此二力的直线为坐标轴。

若无两未知力平行，则选两未知力的交点为矩心。

若有两正交未知力，则分别选取两未知力所在直线为坐标轴，选两未知力的交点为矩心。

（3）求解未知力，讨论验证结果。

例 3-2 如图 3-5（a）所示，梁 AB 上受到一个均布载荷和一个力偶作用，已知载荷集度 $q = 100\text{N/m}$，力偶矩大小 $M = 500\text{N·m}$，长度 $AB = 3\text{m}$，$DB = 1\text{m}$，求活动铰支座 D 和固定铰支座 A 的约束反力。

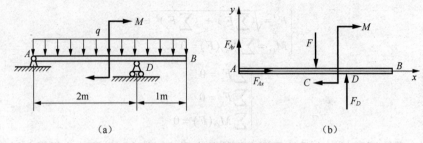

图 3-5　简支梁受力示意图

解：（1）取梁 AB 为研究对象。

载荷 q 是一种连续分布于物体上的载荷，称为**分布载荷**，q 的值称为**载荷集度**，表示载荷在单位作用长度上的力。若 q 为常数，则称为**均布载荷**。列平衡方程时，常将均布载荷简化为一个集中力 $\boldsymbol{F}$，其大小为 $F = ql$（l 为载荷作用长度），作用线通过作用长度的中点。

画受力图如图 3-5（b）所示，其中 $F = ql_{AB} = 300\text{N}$，作用于 AB 的中点 C 点。

（2）建立直角坐标系，列平衡方程。

$$\sum F_x = 0 \qquad\qquad F_{Ax} = 0$$
$$\sum F_y = 0 \qquad\qquad F_{Ay} - F + F_D = 0$$
$$\sum M_A(F) = 0 \qquad -\frac{3}{2}F + 2F_D - M = 0$$

（3）求解未知量。

$$F_{Ax} = 0$$
$$F_D = \frac{1}{2}\left(M + \frac{3}{2}F\right) = 475\text{N}$$
$$F_{Ay} = F - F_D = -175\text{N}$$

F_D 计算结果为正，说明实际方向与假设方向相同，方向向上；F_{Ay} 计算结果为负，则其实际方向与假设方向相反，实际向下。

例 3-3　图 3-6（a）所示为一悬臂式起重机，A、B、C 处为铰链连接，梁 AB 自重 $F_G = 1\text{kN}$，作用在梁的中点，提升重量 $F_P = 8\text{kN}$，杆 BC 自重不计，求支座 A 的反力和杆 BC 所受的力。

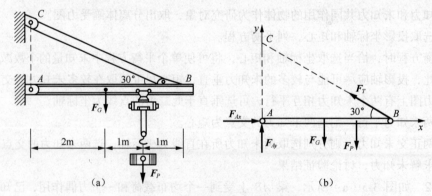

图 3-6　悬臂式起重机结构简图

解：（1）选取 AB 为研究对象。

（2）选取投影轴和矩心，列平衡方程。

$$\sum M_A(F) = 0 \qquad -2F_G - 3F_P + 4F_T \sin 30° = 0$$
$$\sum M_B(F) = 0 \qquad -4F_{Ay} + 2F_G + F_P = 0$$
$$\sum F_x = 0 \qquad F_{Ax} - F_T \cos 30° = 0$$

（3）求解未知量。

$$F_T = \frac{2F_G + 3F_P}{4 \sin 30°} = \frac{2 \times 1 + 3 \times 8}{2} = 13\text{kN}$$

由上式解得

$$F_{Ay} = \frac{2F_G + F_P}{4} = \frac{2 + 8}{4} = 2.5\text{kN}$$

$$F_{Ax} = F_T \cos 30° = 13 \times \frac{\sqrt{3}}{2} = 11.26\text{kN}$$

本题采用一投影二矩式平衡方程可以使每个方程的未知量减少，计算方便。本题可用 y 向投影方程来校核。

$$\sum F_y = F_{Ay} - F_G - F_P + F_T \sin 30° = 2.5 - 1 - 8 + 13 \times 0.5 = 0$$

3.3.4　平面平行力系的平衡方程

如果平面力系中各力的作用线相互平行，则称该平面力系为平面平行力系。平面平行力系和平面汇交力系、平面力偶系都是平面任意力系的特殊情况。平面汇交力系、平面力偶系的平衡方程前面已经介绍，下面研究平面平行力系的平衡方程。

若平面平行力系中各力的作用线与 y 轴（或 x 轴）平行，则平衡方程中的 $\sum F_x \equiv 0$（或 $\sum F_y \equiv 0$），即力系中独立的平衡方程为

$$\begin{cases} \sum F_y = 0 (\text{或} \sum F_x = 0) \\ \sum M_O(\boldsymbol{F}) = 0 \end{cases} \qquad (3.6)$$

上式表明平面平行力系平衡的充要条件为：力系中各力在与力平行的坐标轴上投影的代数和为零，各力对任意点之矩为零。

平面平行力系平衡方程的另一种形式为二矩式，即

$$\begin{cases} \sum M_A(\boldsymbol{F}) = 0 \\ \sum M_B(\boldsymbol{F}) = 0 \end{cases} \qquad (3.7)$$

例 3-4　图 3-7 所示为一种车载式起重机，车重 $Q = 26\text{kN}$，起重机伸臂重 $G = 4.5\text{kN}$，起重机的旋转与固定部分共重 $W = 31\text{kN}$。尺寸如图所示，单位是 m，设伸臂在起重机对称面内，且放在图示位置，试求车子不致翻倒的最大起重量 $P_{\max}$。

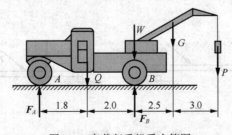

图 3-7　车载起重机受力简图

解：（1）取汽车及起重机为研究对象。

（2）受力分析如图 3-7 所示，列平衡方程。

$$\sum F_y = 0: \qquad F_A + F_B - P - Q - G - W = 0$$

$$\sum M_B(\boldsymbol{F}) = 0: \qquad -5.5P - 2.5G + 2Q - 3.8F_A = 0$$

（3）求解未知量。

联立求解得

$$F_A = \frac{1}{3.8}(2Q - 2.5G - 5.5P)$$

（4）起重机不致翻车的条件：$F_A \geq 0$。

由上式可得

$$P \leq \frac{1}{5.5}(2Q - 2.5G) = 7.41\text{kN}$$

故最大的起重重量为 $P_{\max} = 7.41\text{kN}$

3.4 静定与超静定　物系的平衡

3.4.1　静定与超静定的概念

前面所介绍的物体平衡的计算问题中，应求解未知量的个数均未超过独立平衡方程的个数，可求得唯一解，力学中称此类问题为静定问题。

工程上还有许多构件与结构，为了提高其安全可靠性，常采取增加约束的方法，导致所受未知力的个数增加，超出了相应的独立平衡方程数目。对这类问题，仅用静力学平衡方程不能求得全部未知力，力学中称此类问题为超静定问题。其中未知量数目与独立平衡方程数之差称为超静定次数。

图 3-8（a）、（c）所示为静定结构，图 3-8（b）、（d）、（e）所示为一次超静定结构，图 3-8（f）所示为二次超静定结构。

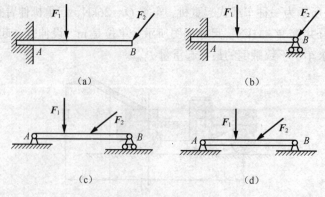

（a）　　　　　　　　　　（b）

（c）　　　　　　　　　　（d）

图 3-8　静定与超静定结构

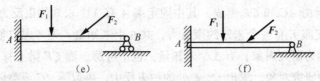

图 3-8 静定与超静定结构（续）

超静定问题的核心是仅仅利用平衡方程无法求得未知力，解超静定问题必须考虑构件受力后产生的变形，再根据变形条件列出相应的变形协调方程，方能解出所有未知力，具体方法将在材料力学中讨论。静力学讨论的都是静定问题。

3.4.2 物体系统的平衡

工程实际中的结构，都是由若干个构件通过一定的约束方式组合在一起的，称为物体系统，简称物系。

对静定的物体系统的平衡问题，关键是选择合适的研究对象。物体系统平衡，系统内的每个构件也都处于平衡状态，因此既可选取整个物系为研究对象，也可选取单个构件或者几个构件组成的局部为研究对象，所有未知力均可通过平衡方程求解。

为了简化求解过程，选取研究对象应遵循以下原则。

（1）先从有已知作用力且未知力个数少于或等于独立平衡方程数的物体进行研究，这个条件称为可解条件。

（2）将求出的未知力作为已知力，可使暂不可解的分离体转化为可解的分离体，这样按题意可依次解出待求的未知力。

（3）若取整体可解出部分未知力，则应先取整体为研究对象，这样往往可使求解过程简化。

下面举例说明物系平衡问题的解法。

例 3-5 组合梁 AC 和 CE 用铰链 C 相连，A 端为固定端，E 端为活动铰链支座。受力如图 3-9 所示。已知 $l=8$ m，$F=5$ kN，均布载荷集度 $q=2.5$ kN/m，力偶矩的大小 $L=5$ kN·m，试求固端 A、铰链 C 和支座 E 的反力。

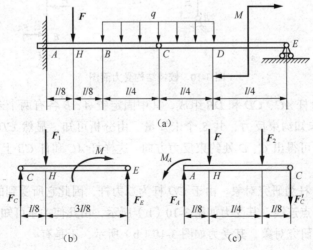

图 3-9 组合梁受力简图

分析：该组合梁由 AC 和 CE 组成，其中固定端 A 有 3 个未知约束反力，中间铰链 C 有两个未知约束反力，支座 E 有一个未知约束反力，共 6 个未知量。先考虑取整体，不能解出部分未知量；若取 AC 梁为研究对象，有 5 个未知量，也不可解；而 CE 梁上有 3 个未知量，可解。因此应先取 CE 梁为研究对象，求出 C、E 处的约束反力，再取梁 AC 或整体为研究对象，可求出 A 处的约束反力。

解：（1）取 CE 段为研究对象，受力分析如图 3-9（b）所示。列平衡方程。

$$\sum F_y = 0 \qquad\qquad F_C - q \times \frac{l}{4} + F_E = 0$$

$$\sum M_C(\boldsymbol{F}) = 0 \qquad\qquad -q \times \frac{l}{4} \times \frac{l}{8} - M + F_E \times \frac{l}{2} = 0$$

联立求解，可得

$$F_E = 2.5 \text{ kN} \quad （向上） \qquad F_C = 2.5 \text{ kN} \quad （向上）$$

（2）取 AC 段为研究对象，受力分析如图 3-9（c）所示。列平衡方程。

$$\sum F_y = 0 \qquad\qquad F_A - F_C' - F - q \times \frac{l}{4} = 0$$

$$\sum M_A(\boldsymbol{F}) = 0 \qquad\qquad M_A - F \times \frac{l}{8} - q \times \frac{l}{4} \times \frac{3l}{8} - F_C' \times \frac{l}{2} = 0$$

联立求解，可得

$$M_A = 30 \text{ kN·m} \qquad F_A = -12.5 \text{ kN}$$

例 3-6　图 3-10 所示机构在图示位置平衡，已知主动力 $\boldsymbol{F}$，各杆重量不计，试求集中力偶矩的大小及支座 A 处的约束反力。

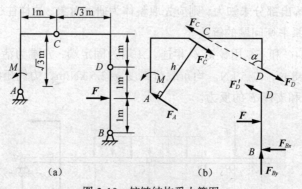

图 3-10　铰链结构受力简图

分析：该机构由杆 AC、CD 和 DB 组成，其中固定铰 A、B 各有两个未知约束反力，中间铰 C、D 均有两个未知约束反力，共 8 个未知量。由分析可知，显然 CD 为二力杆，故先取杆 CD 为研究对象，可得出 C、D 处约束反力方向。这样杆 AC 和杆 CB 上均只有 3 个未知量，可解。

解：（1）取 CD 杆为研究对象。由于 CD 杆为二力杆，因此它所受到的 C、D 两铰链的约束反力必沿 C、D 两点连线。其受力如图 3-10（b）所示，由几何关系可知 $\alpha = 60°$。

（2）取 BD 杆为研究对象，其受力如图 3-10（b）所示，于是有

由 $\sum M_B(F) = 0$ 得 $\qquad\qquad F_D' \sin\alpha \times 2 - F \times 1 = 0$

$$F_D' = \frac{F}{2\sin\alpha} = \frac{F}{2\sin 60°} = \frac{\sqrt{3}}{3}F$$

故

$$F_C = F_D = F_D' = \frac{\sqrt{3}}{3}F$$

方向如图 3-10（b）所示。

（3）以 AC 为研究对象，其受力如图 3-10（b）所示。由于 AC 杆上的主动力只有力偶 M，根据力偶只能与力偶平衡的性质可知，F_A 与 F_C' 必组成一力偶与主动力偶 M 平衡。由图中几何关系可求得力偶（F_A，F_C'）的力偶臂为

$$h = \sqrt{(\sqrt{3})^2 + 1^2} = 2\text{m}$$

又

$$F_A = F_C = \frac{\sqrt{3}}{3}F$$

列平衡方程 $$\sum M = 0 \qquad M - F_C \cdot h = 0$$

得

$$M = F_C' \cdot h = \frac{2\sqrt{3}}{3}F$$

例 3-7 曲柄滑块机构如图 3-11（a）所示。设曲柄 OA 在水平位置时机构平衡，滑块所受阻力为 F，已知 $\overline{OA} = r$，$\overline{AB} = l$，不计杆件及滑块自重，试求作用于曲柄上的力偶矩 M 和支座 O 处的约束力。

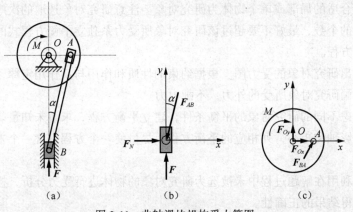

图 3-11 曲轴滑块机构受力简图

分析：对于这类运动机构，可以按照力的传递顺序，依次取研究对象。每个研究对象必可以转化为可解的分离体。例如本题，因杆 AB 为二力杆，可取滑块 B 为研究对象，待求出连杆 AB 约束力后，再取轮 O 为研究对象。

解：（1）取滑块 B 为研究对象，画受力图如图 3-11（b）所示。滑块受平面汇交力系作用，列平衡方程。

$$\sum F_y = 0 \qquad F - F_{AB}\cos\alpha = 0$$

解得

$$F_{AB} = \frac{F}{\cos\alpha}$$

（2）以轮 O 为研究对象，画出受力图如图 3-11（c）所示，轮 O 受平面汇任意力系作用，列平衡方程。

$$\sum F_x = 0, \qquad\qquad F_{Ox} + F_{BA} \cdot \sin\alpha = 0$$
$$\sum F_y = 0, \qquad\qquad F_{Oy} + F_{BA} \cdot \cos\alpha = 0$$
$$\sum M_O(F) = 0, \qquad\qquad F_{BA} \cdot r\cos\alpha - M = 0$$

其中

$$F_{BA} = F_{AB}, \qquad\qquad \sin\alpha = \frac{r}{l}, \cos\alpha = \frac{\sqrt{l^2 - r^2}}{l}$$

解得

$$F_{Ox} = -F_{BA} \cdot \sin\alpha = -\frac{F}{\cos\alpha}\sin\alpha = -\frac{r}{\sqrt{l^2 - r^2}}F$$

$$F_{Oy} = -F_{BA} \cdot \cos\alpha = -\frac{F}{\cos\alpha}\cos\alpha = -F$$

$$M = F_{BA} \cdot r\cos\alpha = \frac{F}{\cos\alpha}r\cos\alpha = F \cdot r$$

通过以上例题可归纳出求解物系平衡问题的一般步骤和要点。

（1）弄清题意，判断物体系统的静定性质，确定是否可解。

（2）正确选择研究对象。一般先取整体为研究对象，求得某些约束反力。然后，根据要求的未知量，选择合适的局部或单个物体为研究对象。注意研究对象选取的次序，每次所取的研究对象上未知力的个数，最好不要超过该研究对象所受力系独立平衡方程式的个数，避免求解研究对象的联立方程。

（3）正确画出研究对象的受力图。根据约束的性质和作用与反作用定律，分析研究对象所受的约束力。只画研究对象所受的外力，不画内力。

（4）分别考虑不同的研究对象的平衡条件，建立平衡方程，求解未知量。列平衡方程时，要选取适当的投影轴和矩心，列相应的平衡方程，尽量使一个方程只含一个未知量，以使计算简化。

（5）校核。利用在解题过程中未被选为研究对象的物体进行受力分析，检查是否满足平衡条件，以验证所得结果的正确性。

3.5 考虑摩擦时物体的平衡

摩擦是一种普遍存在的现象。在一些问题中，由于摩擦对物体的受力情况影响较小，为了方便计算而忽略不计。但在有些工程实际问题中，如汽车利用摩擦制动、带传利用摩擦动输送货物等，摩擦起着十分重要的作用，这时必须加以考虑。

摩擦可分为滑动摩擦和滚动摩擦两种。

3.5.1　滑动摩擦

当物体接触面间有相对滑动的趋势但仍保持相对静止时，沿接触点公切面彼此作用着阻碍相对滑动的力，称为静滑动摩擦力，简称静摩擦力。若两个物体之间已发生相对滑动，则接触面之间产生的阻碍滑动的力称为动滑动摩擦力，简称动摩擦力。

由于摩擦对物体的运动起阻碍作用，所以摩擦力总是作用于接触面（点），沿接触处的公切线、与物体的运动或运动趋势方向相反。

摩擦力的计算根据物体的运动情况而变，分以下 3 种情况。

1.　静止状态

静止状态下的摩擦力随主动力的变化而变化，其大小由平衡方程确定，介于零和最大静摩擦力之间。

2.　临界状态（将滑未滑）

临界状态是指物体将要滑动而尚未滑动。处于临界状态下的摩擦力为静摩擦力的最大值，其大小采用库伦摩擦定律计算，即

$$F_{fm} = f_s \cdot F_N \tag{3.8}$$

式中，F_{fm} 称为最大静摩擦力；f_s 称为静滑动摩擦系数，简称静摩擦力因数，其大小取决于接触面的材料和表面状态（如粗糙度以及温度、湿度等），由实验测定。

3.　滑动状态

当物体处于相对滑动状态时，在接触面上产生的动滑动摩擦力 F_f' 大小与接触面的正压力 F_N 成正比，即

$$F_f' = f \cdot F_N \tag{3.9}$$

式中，f 为动摩擦因数，与接触面的材料性质及表面状况有关。一般地，$f_s > f$，这说明将物体从静止推到滑动比维持物体继续滑动要费力。精度要求不高时，$f_s \approx f$。

3.5.2　摩擦角与自锁现象

1.　全约束力与摩擦角

如图 3-12（a）所示，物体在主动力 F_P、F_W 作用下处于平衡。接触面对物体的约束反力包括支撑面法向约束力 F_N 和静摩擦力 F_m，这两个力的合力 F_R 称为全约束反力，简称全反力，即

$$F_R = F_N + F_m$$

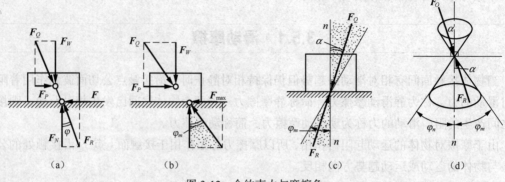

图 3-12　全约束力与摩擦角

设全反力 F_R 与法向约束力 F_N 间的夹角为 φ，则

$$\tan \varphi = \frac{F_m}{F_N}$$

当物体处于平衡的临界状态时，$F_m = F_{\max}$，夹角 φ 也达到最大值 φ_m，如图 3-12（b）所示，全约束反力与接触面法线间的夹角 φ_m 称为摩擦角。

$$\tan \varphi_m = \frac{F_{\max}}{F_N} = f_s \qquad (3.10)$$

由上式可知，摩擦角的正切等于静摩擦因数，说明摩擦角也是表示材料摩擦性质的物理量，它表示全约束力 F_R 能够偏离接触面法线方向的范围。若物体与支撑面的摩擦因数在各个方向都相同，则这个范围就在空间形成一个锥体，称为摩擦锥。全约束力 F_R 的作用线不会超出摩擦锥的范围。

2. 自锁

由前述可知，静摩擦力的变化有一个范围（$0 \leq F_m \leq F_{\max}$），全反力 F_R 与法线的夹角也有一个变化范围（$0 \leq \varphi \leq \varphi_{\max}$），且由摩擦角的概念，全反力 F_R 的作用线只能在摩擦角 φ_m 内。如果作用在物体上的主动力的合力 F_Q 的作用线在摩擦角之内，如图 3-12（c）所示，则不论其大小如何，总可以与全反力平衡，因而物体必处于静止状态，这种现象称为自锁。

故产生自锁现象需满足的条件为

$$\alpha \leq \varphi_m \qquad (3.11)$$

如图 3-12（d）所示的摩擦锥，如果主动力合力 F_Q 的作用线位于摩擦锥以外，则无论 F_Q 力多小，物体都不能保持平衡。

在工程实际中，常常利用自锁原理设计某些机构或夹具，如电工用的脚套钩、输送货物的传送带、螺旋千斤顶等都是利用自锁使物体保持平衡的。

如图 3-13 所示的夹具，夹紧后要求不能回松，螺纹升角要小于内外螺纹材料的摩擦角 $\alpha \leq \varphi_m$。

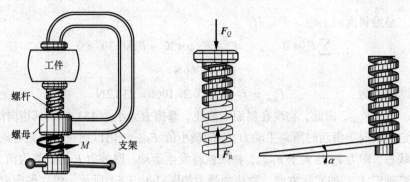

图 3-13　夹具机构受力简图

3.5.3　考虑摩擦时物体的平衡

考虑摩擦时的平衡问题，与不考虑摩擦时的平衡问题有着共同特点，即物体平衡时应满足平衡条件，解题方法与过程也基本相同。

但是，这类平衡问题的分析过程也有其特点。首先，受力分析时必须考虑摩擦力，而且要注意摩擦力的方向与相对滑动趋势的方向相反；其次，在滑动之前，即处于静止状态时，摩擦力不是一个定值，而是在一定的范围内取值。

例 3-8　图 3-14（a）所示为放置于斜面上的物块。物块产生的重力 $F_W = 1000\text{N}$；斜面倾角为 30°。物块承受一方向自左至右的水平推力，其数值为 $F_P = 400\text{N}$。若已知物块与斜面之间的摩擦因数 $f_s = 0.2$。

求：（1）物块处于静止状态时，静摩擦力的大小和方向。

（2）使物块向上滑动时，力 F_P 的最小值。

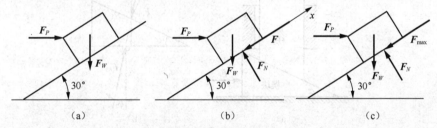

图 3-14　斜面物块受力示意图

分析：根据本例的要求，需要判断物块是否静止。这一类问题的解法是，假设物体处于静止状态，首先由平衡方程求出静摩擦力 F 和法向反力 F_N。再求出最大静摩擦力 F_{max}。将 F 与 F_{max} 加以比较，若 $|F| \leqslant F_{max}$，物体处于静止状态，所求 F 有意义；若 $|F| > F_{max}$，物体已进入运动状态，所求 F 无意义。

解：（1）以物块为研究对象，假设物块处于静止状态，并有向上滑动的趋势，受力如图 3-14（b）所示。列平衡方程。

$$\sum F_x = 0 \qquad F_P \cos 30° - F_W \sin 30° - F = 0$$

得　　　　　　　　　　　　　　　$F = -153.6\text{N}$

负号表示实际摩擦力 F 的指向与图中所设方向相反，即物体实际上有下滑的趋势，摩擦力

的方向实际上是沿斜面向上的。于是有

$$\sum F_y = 0 \qquad F_N - F_W \cos 30° - F_P \sin 30° = 0$$

得

$$F_N = 1066\text{N}$$

最大静摩擦力为

$$F_{\max} = f_s \cdot F_N = 0.2 \times 1066 = 213.2\text{N}$$

比较得，$|F| < F_{\max}$，因此，物块在斜面上静止；摩擦力大小为 153.6N，其指向沿斜面向上。

（2）确定物块向上滑动时所需主动力 F_P 的最小值 $F_{P\min}$。仍以物块为研究对象，此时，物块处于临界状态，即力 F_P 略大于 $F_{P\min}$，物块就将发生运动，摩擦力 F 达到最大值 $F_{\max}$。这时，根据运动趋势确定 $F_{\max}$ 的实际方向，物块的受力如图 3-14（c）所示。建立平衡方程和关于摩擦力的物理方程如下。

$$\sum F_x = 0 \qquad F_{P\min} \cos 30° - F_W \sin 30° - F_{\max} = 0$$
$$\sum F_y = 0 \qquad F_N - F_W \cos 30° - F_{P\min} \sin 30° = 0$$
$$F_{\max} = f_s \cdot F_N$$

联立上式，解得 $F_{P\min} = 878.75\text{N}$

所以，当力 F_P 的数值超过 878.75N 时，物块将沿斜面向上滑动。

例 3-9　如图 3-15（a）所示，压榨机用以夹紧工件，立柱上方表面放置工件，下方是与楔块有相同倾斜角 α 的斜面，不计重力。夹紧工件时，给楔块右端面向左敲击力 F_P，楔块左移，立柱上移，工件夹紧。要求停止敲击后（即 $F_P = 0$），不能松脱，即楔块不能右移，已知各接触面的摩擦因数为 φ_m。

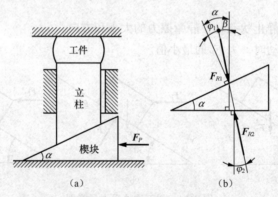

图 3-15　压榨机受力示意图

求：满足夹紧工件能自锁条件的楔块倾斜角 α 范围。

分析：要求停止敲击 $F_P = 0$ 后楔块不能右移，所以应以楔块为研究对象，其受力要平衡。

解：楔块受力图如 3-15（b）所示。设上接触面全约束力 F_{R1} 作用线与其法线夹角为 φ_1，下接触面 F_{R2} 与法线夹角为 φ_2。上下两个全约束力 F_{R1}、F_{R2} 作用线在摩擦角 φ_m 范围之内，即它与法线夹角均小于摩擦角

$$\varphi_1 \leqslant \varphi_m \qquad\qquad （a）$$
$$\varphi_2 \leqslant \varphi_m \qquad\qquad （b）$$

由受力知，要使楔块处于平衡状态，全约束力 F_{R1}、F_{R2} 必须在同一条直线上，二力共线对顶角相等，有

$$\varphi_2 = \beta = \alpha - \varphi_1$$

即 $$\alpha = \varphi_1 + \varphi_2 \tag{c}$$

联立（1）（2）（3）得 $$\alpha = \varphi_1 + \varphi_2 \leqslant 2\varphi_m$$

即满足夹紧工件能自锁条件的楔块倾斜角 α 范围为 $\alpha \leqslant 2\varphi_m$。

3.5.4 滚动摩擦简介

在实际工程中，常见大滚轮在推力的作用下平衡的现象，如果采用刚性接触约束模型，如图 3-16（a）所示，因 $\sum M_O(F) \neq 0$，圆轮不能平衡。实际上，当力 F_O 不大时，圆轮是可以平衡的，这是因为圆轮和接触平面实际上并不是刚体，它们在力的作用下都会发生局部变形。接触面处是一个曲面，在接触面上，物体受分布力作用，如图 3-16（b）所示，这些力向 A 点简化，得到一个力 F_R 和一个力偶矩为 M_f 的力偶，力 F_R 可进一步分解为摩擦力 F_S 和法线约束反力 F_N，如图 3-16（c）所示。此力偶称为滚动摩阻力偶（简称滚阻力偶），正是由于这里多了一个滚阻力偶起到的阻碍滚动的作用，才使圆轮可以保持平衡。

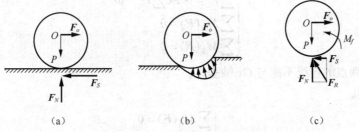

图 3-16 滚动摩擦受力示意图

实验表明，滚阻力偶矩的大小随主动力矩的大小而变化，但存在最大值 M_{max}，即

$$0 \leqslant M_f \leqslant M_{max}$$

并且，M_{max} 与法向约束反力 F_N 成正比，即

$$M_{max} = \delta F_N \tag{3.12}$$

这就是滚动摩阻定律。其中比例常数 δ 称为滚动摩阻系数，它具有长度量纲，一般与接触面材料的硬度、温度等有关，可由实验测定，或在工程手册中查到。

滚阻力偶的转向与滚动的趋势或滚动的角速度方向相反。应该指出的是，滚动摩阻一般较小，在许多工程问题中常常可忽略不计。

本章小结

1. 力的平移定理

力的平移定理是力系简化的依据。

2. 平面一般力系的简化结果

平面一般力系的简化结果为主矢和主矩。

主矢量 $F_R' = \sum F$ ，与简化中心位置无关。

主矩 $M_O = \sum M_O(F)$ ，与简化中心位置有关。

其最后结果可能有 3 种情况：合力、力偶、平衡。

3. 平面一般力系的平衡方程

（1）基本形式。

$$\begin{cases} \sum F_x = 0 \\ \sum F_y = 0 \\ \sum M_O(\boldsymbol{F}) = 0 \end{cases}$$

（2）二矩式。

$$\begin{cases} \sum F_x = 0\left(\text{或} \sum F_x = 0\right) \\ \sum M_A(\boldsymbol{F}) = 0 \\ \sum M_B(\boldsymbol{F}) = 0 \end{cases}$$

其中 A、B 两点的连线不能与 Ox 轴垂直。

（3）三矩式。

$$\begin{cases} \sum M_A(\boldsymbol{F}) = 0 \\ \sum M_B(\boldsymbol{F}) = 0 \\ \sum M_C(\boldsymbol{F}) = 0 \end{cases}$$

其中 A、B、C 3 点不能在一条直线上。

4. 平面一般力系解题步骤

（1）根据题意，选取适当的研究对象。

（2）受力分析并画受力图。

（3）选取坐标轴。坐标轴应与较多的未知反力平行或垂直。

（4）列平衡方程，求解未知量。列力矩方程时，通常选未知力较多的交点为矩心。

（5）校核结果。

5. 求解物体系统平衡问题的步骤

（1）适当选取研究对象，画出该研究对象的受力图。

（2）分析各受力图，确定求解顺序，并根据选定的顺序逐个选取研究对象求解。

6. 摩擦和自锁

滑动摩擦力是两个相互接触的物体，当它们之间有相对滑动或相对滑动趋势时，在接触面之间产生彼此阻碍运动的力。前者称动摩擦力，后者称静摩擦力。

（1）静摩擦力的方向与接触面间相对滑动趋势相反，其大小随主动力改变，应根据平衡方程确定。当物块处于临界平衡状态时，静摩擦力达到了最大值，所以 $0 \leqslant F_f \leqslant F_{\max}$。

（2）动摩擦力的方向与接触面间相对滑动方向相反，其大小 $F_f' = fF_N$。

（3）摩擦角 φ_m。$F_R = F_N + F_m$ 称为全反力，当 $F_m = F_{\max}$，全反力与接触面法线的最大夹角称为摩擦角 φ_m，且有 $\tan \varphi_m = f_s$。

（4）自锁。当 $\alpha \leqslant \varphi_m$ 时，无论主动力多大，物体始终能保持平衡，这种现象称为自锁。

思考与练习

3.1　如图所示一个平面力系是否总可用一个力来平衡？是否总可用适当的两个力来平衡？为什么？

3.2　图示分别作用一平面上 A、B、C、D 4 点的四个力 F_1、F_2、F_3、F_4，这 4 个画出的力多边形刚好首尾相接。问：

（1）此力系是否平衡？

（2）此力系简化的结果是什么？

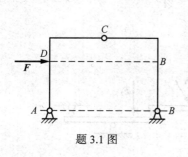

题 3.1 图

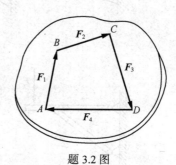

题 3.2 图

3.3　如图所示，如选取的坐标系的 y 轴不与各力平行，则平面平行力系的平衡方程是否可写出 $\sum F_x = 0$，$\sum F_y = 0$ 和 $\sum M_0 = 0$ 3 个独立的平衡方程？为什么？

3.4　重物 F_G 置于水平面上，受力如图，是拉还是推省力？若 $\alpha = 30°$，摩擦系数为 0.25，试求在物体将要滑动的临界状态下，F_1 与 F_2 的大小相差多少？

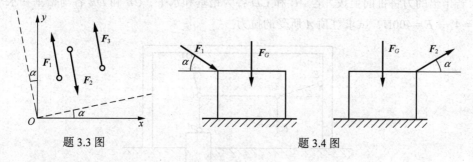

题 3.3 图　　　　　题 3.4 图

3.5　分析下列图中哪些是静定结构，哪些是静不定结构？

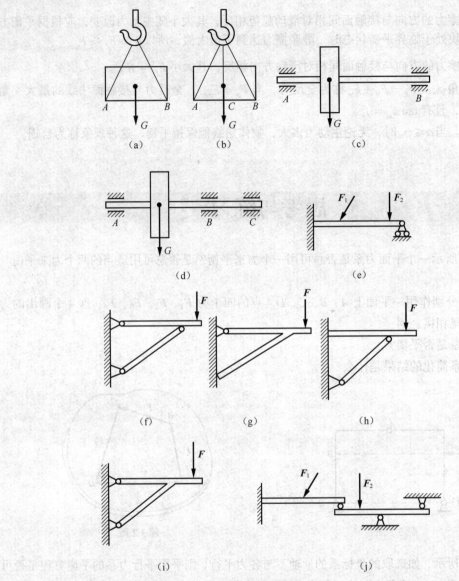

题 3.5 图

3.6　图示为一拔桩架，*AC*、*CB* 和 *DC*、*DE* 均为绳索。在 *D* 点用力 *F* 向下拉时，即有较力 *F* 大若干倍的力将桩向上拔。若 *AC* 和 *CD* 各为铅垂和水平，*CB* 和 *DE* 各与铅垂和水平方向成角 *α* = 4°，*F* = 400N，试求桩顶 *A* 所受的拉力。

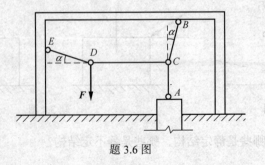

题 3.6 图

3.7 铰链四连杆机构 $OABO_1$ 在图示位置平衡,已知 $\overline{OA}=0.4\text{m}, \overline{O_1B}=0.6\text{m}$,作用在曲柄 OA 上的力偶矩 $M_1=1\text{N}\cdot\text{m}$,不计杆重,求力偶矩 M_2 的大小及连杆 AB 所受的力。

3.8 在安装设备时常用起重扒杆,它的简图如图所示。起重摆杆 AB 重 $G_1=1.8\text{kN}$,作用点在 C 点,C 为杆 AB 的中点。提升的设备重量为 $G=20\text{kN}$。试求系在起重摆杆 A 端的绳索 AD 的拉力以及 B 处的约束反力。

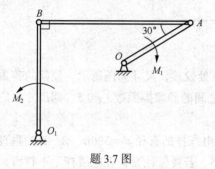

题 3.7 图   题 3.8 图

3.9 求图示各梁的支座反力。

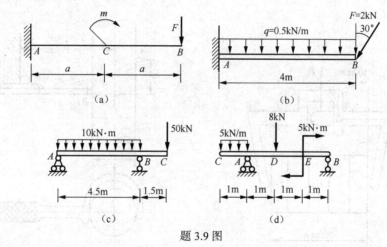

(a)   (b)

(c)   (d)

题 3.9 图

3.10 如图所示三铰拱,求其支座 A、B 的反力及铰链 C 的约束反力。

3.11 家用人字梯可简化为由 AB、AC 两杆在 A 点铰接,又在 D、E 两点用水平绳连接。梯子放在光滑的水平面上,某人由下向上攀登至 H 点。已知人的重量 $F_G=600\text{N}$,$AB=AC=3\text{m}$,$AC=AE=2\text{m}$,$AH=1\text{m}$,$\alpha=45°$,梯子自重不计,如图所示。求绳子的张力和铰链 A 的约束反力。

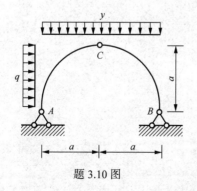

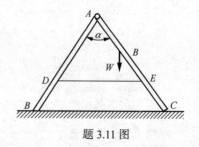

题 3.10 图   题 3.11 图

3.12　多跨梁由 *AB* 和 *AC* 用铰链 *B* 连接而成,支承、跨度及载荷如图所示。已知 q =10kN/m, M = 40kN·m。不计梁的自重,求固定端 *A* 及支座 *C* 处的约束反力。

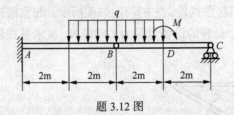

题 3.12 图

3.13　砖夹宽 280mm,爪 *AHB* 和 *BCED* 在 *B* 点处铰接,尺寸如图所示。提起的砖重力为 F_G,提举力 *F* 作用在砖夹的中心线上。若砖夹与砖之间的静摩擦因数 f_s =0.5,则尺寸 *b* 应为多大,才能保证砖被夹住不滑掉?

3.14　电工攀登电线杆用的脚套钩如图所示。设电线杆的直径 d = 300m, *A*、*B* 的垂直距离 b =100mm。若脚套钩与电线杆间的静摩擦因数 f_s =0.5,若要保证套钩在电线杆上不打滑,求脚踏力 *Fp* 到电线轴线的距离 l。

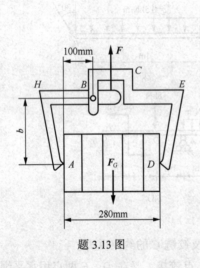

题 3.13 图

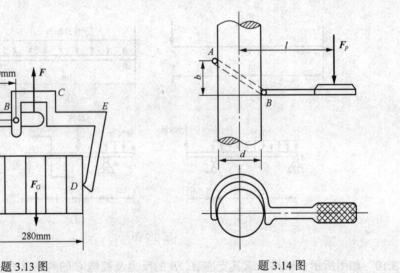

题 3.14 图

第4章

空间力系

工程实际中，刚体的受力除了平面力系外，如果作用于物体上的力的作用线以及力偶的作用面不都在一个平面上，则属于空间力系的作用。如各类机床的传动轴、齿轮传动，起重设备等，如图 4-1 所示。

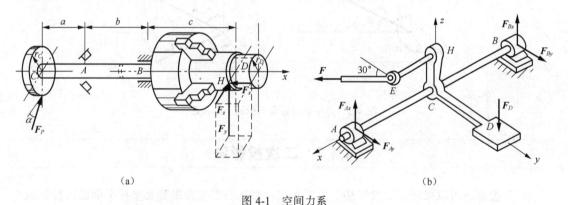

（a）　　　　　　　　　　　　　　　　　　（b）

图 4-1　空间力系

空间力系又可分为空间汇交力系、空间力偶系、空间平行力系和空间一般力系。

如果空间力系中各个力的作用线交于一点称为空间汇交力系，如果所有力的作用线相互平行则称为空间平行力系。

如果一个物体受到多个力偶的作用，而且这些力偶中至少有两个力偶的作用面不在一个平面上，则称该力偶系为空间力偶系。

力的作用线在空间任意分布的力系和空间力偶系统称为空间任意力系。空间力系的分析方法与平面力系的分析方法是一样的。

4.1

力在空间直角坐标轴上的投影

在研究平面力系的时候，我们根据力的平行四边形法则讨论了力的投影定理，力的投影定理是研究力系平衡时的一个方便而重要的方法。对于空间力系，可以将力的投影定理扩大到三维空间，即力在笛卡尔直角坐标轴上的投影。

力在空间直角坐标轴上的投影方法有两种：一次投影法和二次投影法。

4.1.1　一次投影法

一次投影法也叫直接投影法。即直接投影到空间坐标轴上。如图 4-2（a）所示，假设力 F 与坐标轴 x、y、z 的夹角分别为 α、β 和 γ，则力在 3 个坐标轴上的投影分别为

$$\begin{cases} F_x = F\cos\alpha \\ F_y = F\cos\beta \\ F_z = F\cos\gamma \end{cases}\tag{4.1}$$

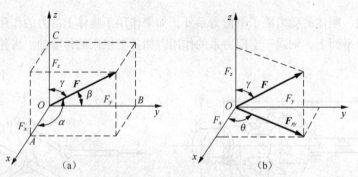

图 4-2　力在空间直角坐标轴上的投影

4.1.2　二次投影法

力的投影还可以采用二次投影法，也叫间接投影法。即先投影到某坐标平面后再投影到坐标轴上。如图 4-2（b）所示，假设已知力 F 与坐标轴 z 的夹角为 r，可以将该力先投影到 xoy 平面，得到 F_{xy}，再利用 F_{xy} 与 x 轴夹角 θ 将其投影到 x、y 轴上，至于 z 轴的投影可以直接将该力投影到 z 轴上。于是投影结果为

$$\begin{cases} F_x = F\sin r\cos\theta \\ F_y = F\sin r\sin\theta \\ F_z = F\cos r \end{cases}\tag{4.2}$$

需要注意的是，力在坐标轴上的投影为代数量，而力在平面上的投影为矢量。这是因为力在平面上的投影方向不能像在轴上的投影那样简单地用正负号来表明，而必须用矢量来表示。

若 i、j、k 分别为坐标轴 x、y、z 上的单位矢量，则空间力矢量的表达式为

$$F = F_x + F_y + F_z = F_x i + F_y j + F_z k\tag{4.3}$$

其中，F_x、F_y、F_z 分别表示力矢 F 在坐标轴 x、y、z 上的投影。

反之，若已知力矢 F 在坐标轴 x、y、z 上的投影 F_x、F_y、F_z，也可求出力 F 的大小和方向。即

$$\begin{cases} F = \sqrt{F_x^2 + F_y^2 + F_z^2} \\ \cos\alpha = \dfrac{F_x}{\sqrt{F_x^2 + F_y^2 + F_z^2}} \\ \cos\beta = \dfrac{F_y}{\sqrt{F_x^2 + F_y^2 + F_z^2}} \\ \cos\gamma = \dfrac{F_z}{\sqrt{F_x^2 + F_y^2 + F_z^2}} \end{cases} \qquad (4.4)$$

其中，$\cos\alpha$、$\cos\beta$、$\cos\gamma$ 称为力 $\boldsymbol{F}$ 的方向余弦。

例 4-1　如图 4-3（a）所示，已知斜齿圆柱齿轮受到另一对齿轮对它的啮合力 F_n，α_n 为压力角，β 为螺旋角，试计算斜齿圆柱齿轮所受的圆周力 $\boldsymbol{F}_t$、径向力 $\boldsymbol{F}_r$ 及轴向力 $\boldsymbol{F}_a$ 的大小。

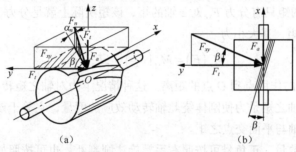

（a）　　　　　　　　　　（b）

图 4-3　斜齿圆柱齿轮受力示意图

解：建立空间坐标系 $Oxyz$，如图 4-3（a）所示。采用二次投影法，先将啮合力 F_n 向 z 轴和 Oxy 坐标平面投影，得

径向力
$$F_r = F_z = -F_n \sin\alpha_n$$
$$F_{xy} = F_n \cos\alpha_n$$

再将 F_{xy} 向 x，y 轴投影，如图 4-3（b），得

轴向力
$$F_a = F_x = -F_n \cos\alpha_n \sin\beta$$

圆周力
$$F_t = F_y = -F_n \cos\alpha_n \cos\beta$$

4.2

力对轴之矩

4.2.1　力对轴之矩

平面问题中，我们讨论了力对点之矩，现在研究空间问题。推门和关门的经验大家都有，推门施加推力，关门施加拉力，门将绕一根铅垂轴转动。如图 4-4（a）所示，假设推力或拉力 F 的方向是任意的，以门的转动轴为参考基准 z 轴，过该力的作用点建立一个坐标平面得到 z

轴和 Oxy 平面。

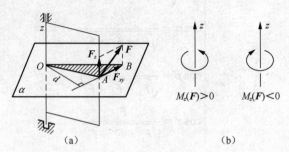

图 4-4　力对轴之距

显然，根据力的投影定理，力 F 可经过投影得到平行于 z 轴的分力 F_z 和垂直于 z 轴的分力 F_{xy}，显然 F_z 的作用线与 z 轴平行，这两个分力不能对门产生转动效应，因为它们对门轴的矩为零，这样，F 对门轴的矩只有分力 F_{xy} 对 z 轴的矩，该矩实际上就是分力 F_{xy} 在坐标平面 Oxy 上对 z 轴的垂足 O 点的矩，其大小为

$$M_z(F) = M_O(F_{xy}) = \pm F_{xy} \cdot d \qquad (4.5)$$

这里，d 为力 F_{xy} 的作用点到 O 点的距离。这种情况下力对轴之矩转化为力对点之矩。

由此可知，力对轴之矩是力使刚体绕此轴转动效应的度量，它等于该力在垂直于此轴的任一平面上的分量对该轴与平面交点之矩。

力对轴之矩为代数量，正负号可按照右手螺旋法则判断。也可按照如下方法判断：从 z 轴正向看，逆时针方向转动力矩为正，反之为负。

显然，力与轴共面（力与轴平行或者力与轴相交）时，力对轴之矩为零。

4.2.2　合力矩定理

与平面力系相同，空间力系也满足合力矩定理，即空间力系的合力对某一轴之矩等于力系中各分力对同一轴之矩的代数和。即

$$\begin{cases} M_x(F_R) = M_x(F_1) + M_x(F_2) + \cdots + M_x(F_n) = \sum M_x(F) \\ M_y(F_R) = M_y(F_1) + M_y(F_2) + \cdots + M_y(F_n) = \sum M_y(F) \\ M_z(F_R) = M_z(F_1) + M_z(F_2) + \cdots + M_z(F_n) = \sum M_z(F) \end{cases} \qquad (4.6)$$

例 4-2　曲拐轴受力如图 4-5 所示。已知 $F = 20\text{N}$，求力 F 在 x、y、z 轴上的投影和力 F 对 z 轴之矩。

解：（1）计算投影。将力 F 向 x、y、z 轴投影，用二次投影法，得

$$F_x = F_{xy} \sin 45° = F \cos 60° \sin 45° = 7.07\text{kN}$$

$$F_y = -F_{xy} \cos 45° = -F \cos 60° \cos 45° = -7.07\text{kN}$$

$$F_z = -F \sin 60° = -17.32\text{kN}$$

（2）计算力 F 对 z 轴之矩。

先将力 F 在作用点处沿 x、y、z 方向分解，得到 3 个分量 F_x、F_y、F_z，其大小分别等于 F_x、F_y、F_z 的大小。

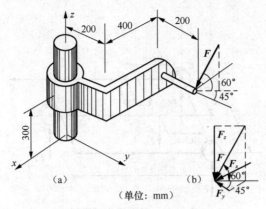

（单位：mm）

图 4-5　曲拐轴受力示意图

根据合力矩定理，力 F 对 z 轴之矩为

$$M_z(F) = M_z(F_x) + M_z(F_y) + M_z(F_z) = -F_x \times (200 + 200) + F_y \times 400 + 0 = 0$$

4.3

空间力系的平衡方程

空间力系向一点简化同样可以简化为一个主矢和一个主矩，根据静力平衡条件，物体受空间力系作用的平衡条件也应该是主矢和主矩均等于零，即必须满足

$$F_R = \sum F = 0 \qquad \sum M_O(F) = 0$$

写作投影（分量）的形式为

$$\begin{cases} \sum F_x = 0, \sum F_y = 0, \sum F_z = 0 \\ \sum M_x(F) = 0 \\ \sum M_y(F) = 0 \\ \sum M_z(F) = 0 \end{cases} \qquad (4.7)$$

以上 6 个方程即为空间任意力系的平衡方程，显然，通过该方程可以求得 6 个未知量。如果未知力的个数超过 6 个则为静不定问题。

例 4-3　一三轮货车自重 F_G =5kN，载重 F =10kN，作用点位置如图 4-6 所示。求静止时地面对轮子的反力。

解： 自重 F_G、载重 F 及地面对轮的反力组成空间平行力系。

由　$\sum F_z = 0$ 　　　$F_A + F_B + F_C - F_G - F = 0$

由　$\sum M_x(F) = 0$ 　　　$F_A \times 1.5 - F_G \times 0.5 - F \times 0.6 = 0$

由　$\sum M_y(F) = 0$ 　　　$-F_A \times 0.5 - F_B \times 1 + F_G \times 0.5 + F \times 0.4 = 0$

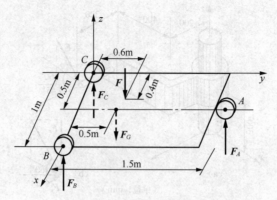

图 4-6　三轮车受力示意图

联立以上方程解得　　$F_A = 5.67\text{kN}, F_B = 5.66\text{kN}, F_C = 3.67\text{kN}$

例 4-4　起重三角架的 AD、BD、CD 3 杆各长 2.5m，在 D 点铰接，并各以铰链固定在地面上，如图 4-7 所示。已知 $P = 20\text{kN}$，$\theta_1 = 120°$，$\theta_2 = 150°$，$\theta_3 = 90°$，

$AD = BD = CD = 1.5\text{m}$，各杆重量不计。求各杆受力。

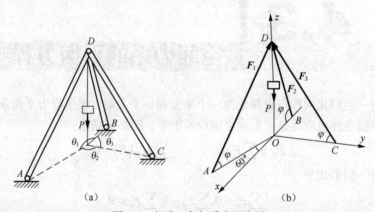

图 4-7　起重三角架受力示意图

解：取铰链 D（含绳子与重物）为研究对象，杆 AD、BD、CD 均为二力杆，作用在铰链 D 上的力有重力、杆 AD、BD、CD 对铰链 D 的作用力，所有的力均通过 D 点，组成空间汇交力系。

列平衡方程

$$\sum F_x = 0 \qquad F_2 \cos\varphi - F_1 \cos\varphi \cos 60° = 0$$

$$\sum F_y = 0 \qquad -F_3 \cos\varphi + F_1 \cos\varphi \sin 60° = 0$$

$$\sum F_z = 0 \qquad F_1 \sin\varphi + F_2 \sin\varphi + F_3 \sin\varphi - P = 0$$

其中　　　　　　　　　$\cos\varphi = 0.6 \quad \sin\varphi = 0.8 \quad P = 20\text{kN}$

代入得　　　　　　　　$F_1 = 10.56\text{kN} \quad F_2 = 5.28\text{kN} \quad F_3 = 9.14\text{kN}$

4.4 重心的确定

有了空间平行力系的概念，就可以利用它来确定物体或物体系统的重心。所谓物体的重心实际上是指物体的质量中心，因为重力是质量与重力加速度的乘积，可见重力的方向始终是垂直向下指向地心。对于质量均匀分布的物体（一般情况下，都假设物体的质量是理想均匀分布的），每单位质量上作用的重力都是相等且方向相同的，因此构成了空间平行力系，如图 4-8 所示。假设该物体的质量中心是 C，显然，刚体上作用的重力 Q 等于各个单位质量上的重力 $\bar{q}$ 的和，即有 $Q = \sum q$，因为方向都相同，矢量和就是数值和。

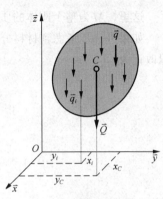

图 4-8 物体的重心

下面主要分析重心的位置如何确定。

在图中，利用合力矩定理研究重心位置的确定，即合力对某根轴的力矩等于各个分力对同一根轴的力矩之和，因此存在如下关系。

$$M_x(Q) = \sum M_x(q)$$
$$M_y(Q) = \sum M_y(q)$$
(4.8)

因此有

$$Q \cdot y_C = \sum q_i \cdot y_i$$
$$Q \cdot x_C = \sum q_i \cdot x_i$$

转动坐标系，同样可以得到

$$Q \cdot z_C = \sum q_i \cdot z_i$$

这里，x_C、y_C、z_C 为平行力系重心在参考基中的位置。

于是可以得到确定重心坐标位置的表达式为

$$\begin{cases} x_C = \dfrac{\sum q_i x_i}{Q} \\[2ex] y_C = \dfrac{\sum q_i y_i}{Q} \\[2ex] z_C = \dfrac{\sum q_i z_i}{Q} \end{cases}$$
(4.9)

式（4.9）称为物体重心坐标公式。如果约去公共因子重力加速度，该式还可以改写为

$$\begin{cases} x_C = \dfrac{\sum m_i x_i}{M} \\[2mm] y_C = \dfrac{\sum m_i y_i}{M} \\[2mm] z_C = \dfrac{\sum m_i z_i}{M} \end{cases} \quad (4.10)$$

这里，M 为整个刚体的质量，即 $M = \sum m_i$。式（4.10）称为物体质心坐标公式。

如果进一步考虑到材料分布的均匀性，即 $m = \rho V$，这里 ρ 为密度，V 为体积。则该式还可以改记为

$$\begin{cases} x_C = \dfrac{\sum V_i x_i}{V} \\[2mm] y_C = \dfrac{\sum V_i y_i}{V} \\[2mm] z_C = \dfrac{\sum V_i z_i}{V} \end{cases} \quad (4.11)$$

如果考虑到物体为等厚（厚度 $= t$）的构件，由于体积与面积的关系是 $V = At$，式（4.11）还可以进一步改写为

$$\begin{cases} x_C = \dfrac{\sum A_i x_i}{A} \\[2mm] y_C = \dfrac{\sum A_i y_i}{A} \\[2mm] z_C = \dfrac{\sum A_i z_i}{A} \end{cases} \quad (4.12)$$

由以上的分析可以看出，从式（4.9）到式（4.12）都是等价的。采用哪个式子进行重心的确定要根据具体问题分析。对于一个物体系统，该系统由多个构件组成，同样可以利用上面得到的公式确定系统的重心，所不同的是：

（1）建立公共参考基。

（2）需要先确定单个物体的重心相对于公共坐标系位置 x_{iC}、y_{iC} 和 z_{iC}。

（3）式（4.9）到式（4.12）右边分式中分子的参数对应单个物体，分母为各个物体对应参数的代数和。

例如，对应式（4.12），确定物体系统重心的表达式为

$$\begin{cases} x_C = \dfrac{\sum A_i x_{Ci}}{\sum A_i} \\[2mm] y_C = \dfrac{\sum A_i y_{Ci}}{\sum A_i} \\[2mm] z_C = \dfrac{\sum A_i z_{Ci}}{\sum A_i} \end{cases} \quad (4.13)$$

对于等厚度的匀质构件，上式也是确定其形心位置的数学描述。

例 4-5　求图 4-9 所示平面图形的形心。

解：直接利用式（4.12）计算。该平面图形可以看作由 3 部分组成：大半圆、小半圆和一个圆，只是这个圆是一圆孔，其面积为负值。

在 O 点建立惯性参考基，由对称性，形心一定在 y 轴上，其在 y 轴上的坐标为

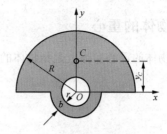

图 4-9　形心的计算

$$y_C = \frac{\sum A_i y_{C_i}}{\sum A_i} = \frac{\frac{1}{2}\pi R^2 \times \frac{4R}{3\pi} + \frac{1}{2}\pi (r+b)^2 \times \left(-\frac{4(r+b)}{3\pi}\right) - \pi r^2 \times 0}{\frac{1}{2}\pi R^2 + \frac{1}{2}\pi (r+b)^2 - \pi r^2}$$

$$= 40\text{mm}$$

本章小结

1. 空间力在空间坐标轴的投影

空间力在空间坐标轴上的投影有一次投影法和二次投影法。

一次投影法：即直接投影到空间坐标轴上。已知力 F 与坐标轴 x、y、z 的夹角分别为 α、β 和 γ，则力在 3 个坐标轴上的投影分别为

$$\begin{cases} F_x = F\cos\alpha \\ F_y = F\cos\beta \\ F_z = F\cos\gamma \end{cases}$$

二次投影法：即先投影到某坐标平面后再投影到坐标轴上。

2. 轴之矩与合力矩定理

轴之矩是力使刚体绕此轴转动效应的度量，它等于该力在垂直于此轴的任一平面上的分量对该轴与平面交点之矩。力对轴之矩为代数量，正负号可按照右手螺旋法则判断。

合力矩定理：与面力系相同，空间力系也满足合力矩定理，即空间力系的合力对某一轴之矩等于力系中各分力对同一轴之矩的代数和。

3. 空间力系的平衡方程

空间力系向一点简化同样可以简化为一个主矢和一个主矩，根据静力平衡条件，物体受空间力系作用的平衡条件也应该是主矢和主矩均等于零，即必须满足

$$F_R = \sum F = 0 \qquad \sum M_O(F) = 0$$

4. 物体的重心

所谓物体的重心实际上是指物体的质量中心。物体系统重心的表达式为

$$
\begin{cases}
x_C = \dfrac{\sum A_i x_{Ci}}{\sum A_i} \\[2mm]
y_C = \dfrac{\sum A_i y_{Ci}}{\sum A_i} \\[2mm]
z_C = \dfrac{\sum A_i z_{Ci}}{\sum A_i}
\end{cases}
$$

思考与练习

4.1 根据以下条件，判断力 F 在什么平面上。

（1）$F_x=0$，$m_x(F)\neq0$；（2）$F_x\neq0$，$m_x(F)=0$；

（3）$F_x=0$，$m_x(F)=0$；（4）$m_x(F)=0$，$m_y(F)=0$。

4.2 空间任意力系的平衡方程除包括 3 个投影方程和 3 个力矩方程外，是否还有其他形式？

4.3 用组合法确定组合图形形心位置时用式（4.12）计算的 x_C、y_C 是精确值还是近似值？用该式计算时，将组合图形分割成分图形的数目越少是否越不准确？

4.4 分别计算图中 F_1、F_2、F_3 3 个力在 x、y、z 轴上的投影。已知 F_1=4kN，F_2=6kN，F_3=2kN。

4.5 柱子上作用一力 F=100kN，与 xoy 平面呈 $\alpha=45°$ 角，在 xoy 平面的投影与 x 轴夹角 $\beta=30°$。试求力 F 在 x、y、z 轴上的投影。

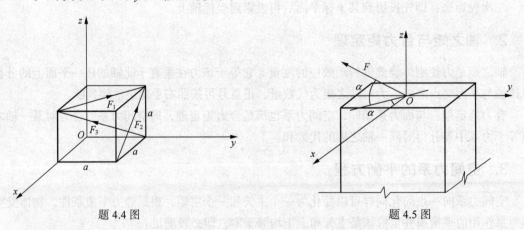

题 4.4 图　　　　　　　　　　　　　　　　题 4.5 图

4.6 一竖杆 EO 高 16m，用 4 根各长为 20m 的绳索固定，每根绳索所受的拉力为 10kN，已知 $ABCD$ 为正方形，其中心 O 处视为球铰。求竖杆所受的压力。

4.7 求图示平面桁架的重心，桁架中各杆每米长均等重。

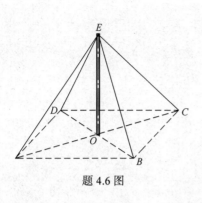

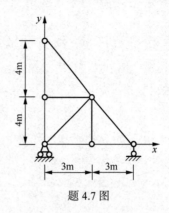

题 4.6 图　　　　　　　　　　　　题 4.7 图

4.8　如图所示，铰车的轴 AB 上绕有绳子，绳上挂重物 Q。轮 C 装在轴上，轮的半径为轴半径的 6 倍。绕在轮 C 上的绳子沿轮与水平线呈 $30°$ 角的切线引出，绳跨过轮 D 后挂以重物 $P = 60\text{N}$。求平衡时，重物 Q 的重量，以及轴承 A 和 B 的约束反力。各轮和轴的重量以及绳与滑轮 D 的摩擦均略去不计。

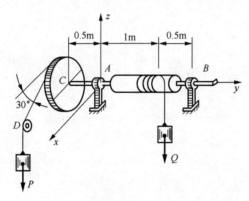

题 4.8 图

4.9　如图所示，传动轴 AB 一端为圆锥齿轮，作用其上的圆周力 $F_t = 4.55\text{kN}$，径向力 $F_r = 0.414\text{kN}$，轴向力 $F_n = 1.55\text{kN}$，另一端为圆柱齿轮，压力角 $\alpha = 20°$。求系统平衡时作用于圆柱齿轮的圆周力 F_1 和径向力 F_2 以及径向轴承 A 和径向止推轴承 B 的支座反力。

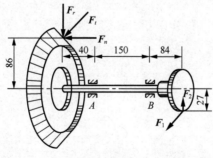

题 4.9 图

第二篇

材料力学

第5章
轴向拉伸与压缩

在工程结构和机械设备中，常见许多承受拉伸或压缩的杆件。例如，图 5-1（a）所示起重机吊架中的斜杆受拉，横杆受压；图 5-1（b）所示内燃机的连杆在燃气爆发冲击中受压。

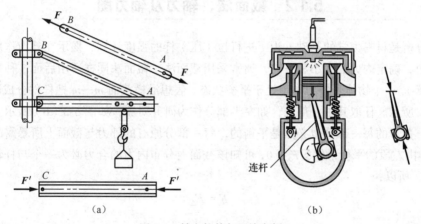

(a)   (b)

连杆

图 5-1　轴向拉伸与压缩实例

虽然承受拉伸或压缩的杆件的形状和加载方式各异，但这类杆件共同特点是：受到与杆件轴线重合方向的外力，产生沿轴线方向的伸长或缩短的变形。这种变形形式称为轴向拉伸或压缩，这类杆件称为拉（压）杆。所以，为了分析和计算的方便可以将杆件的受力情况进行简化，如图 5-2 所示。

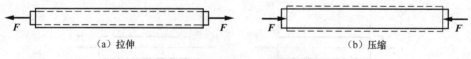

（a）拉伸　　　　　　　　　　　　　（b）压缩

图 5-2　轴向拉伸与压缩受力简图

本章研究拉（压）杆的强度和刚度问题，并结合其受力与变形分析，介绍材料力学的基本概念和相关分析计算方法。

5.1

内力、轴力及轴力图

5.1.1 内力的概念

构件受到外力作用而产生变形时，构件内部各质点间的相对位置将发生变化，同时，各质点间的相互作用力也发生了改变。上述相互作用力由于物体受到外力作用而引起的改变量，就是材料力学中所研究的内力。其特点是：内力随外力增加而增大，但有一定限度，超过这一限度，构件就会发生破坏。

5.1.2 截面法、轴力及轴力图

内力分析是材料力学的基础，为了进行拉（压）杆的强度计算，揭示在外力作用下构件所产生的内力，确定内力的大小和方向，通常采用截面法（截面法同样适用后面 3 种变形的内力分析与计算）。一个物体受外力作用处于平衡状态，假想沿横截面 m—m 把杆件分成两部分，如图 5-3（a）所示。任取其中一部分，如左半部分作为研究对象，如图 5-3（b）所示。由于整体是平衡的，截开的每一部分也必然是平衡的，每一部分原有的外力与截面上所暴露的内力组成平衡力系。由左段的平衡条件 $\sum F_x = 0$，可知该截面上分布内力的合力必为一个与杆轴线重合的轴向力 F_N，所以，

$$F = F_N$$

F_N 称为轴力。

材料力学中规定：当轴力的方向与截面外法线一致时，杆件受拉而伸长，轴力为正；反之，杆件受压而缩短，轴力为负。这样，如果取右半部分为研究对象，在 m—m 截面上将可得到正负号相同的轴力，如图 5-3（c）。

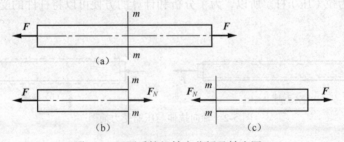

图 5-3 双压手铆机轴力分析及轴力图 1

如沿杆件轴线有多个外力作用，则在杆件各部分的横截面上轴力不相等。为了较直观、明显地展现各横截面上的轴力，常用轴力图来表示，即用平行于杆件的轴线的 x 坐标表示各横截面的位置，垂直于杆件轴线的 F_N 坐标表示对应横截面上的轴力。在轴力图中，将拉力（正的轴

力）画在 x 轴的上方，压力（负的轴力）画在 x 轴的下方，这样，轴力图非但显示出杆件各段内轴力的大小，而且还可以表示出各段的变形是拉伸还是压缩。下面通过具体的例题说明轴力图的绘制。

例 5-1 图 5-4（a）所示为一双压手铆机的示意图。作用于活塞杆上的力分别简化为 F_1 = 2.62kN，F_2 = 1.3kN，F_3 = 1.32kN，计算简图如图 5-4（b）所示。这里 F_2 和 F_3 分别是以压强 P_2 和 P_3 乘以作用面积得出的。试求出活塞横截面 1-1 和 2-2 上的轴力，并画出活塞杆的轴力图。

解：（1）分段计算轴力。

沿截面 1—1 将活塞分成两段，取左段为研究对象，并画出此段的受力图，如图 5-4（c）所示，用 F_{N1} 表示右段对左段的作用，由左段平衡方程

$$\sum F_x = 0$$

知 F_{N1} 和 F_1 大小相等，方向相反，而且共线，所以

$$F_{N1} = F_1 = 2.62 \text{ kN（压力）}$$

同理，可以计算横截面 2—2 上的轴力 F_{N2}，如图 5-4（d）所示，由截面 2—2 左段平衡方程 $\sum F_x = 0$，得 $F_1 - F_2 - F_{N2} = 0$，所以

$$F_{N2} = F_1 - F_2 = 1.32 \text{ kN（压力）}$$

如研究 2—2 截面右段，如图 5-4（e）所示，由平衡方程 $\sum F_x = 0$，得 $F_3 - F_{N3} = 0$，即

$$F_{N3} = F_3 = 1.32\text{kN（压力）}$$

所得结果与前面相同，计算却比较简单。所以，计算时应选取受力比较简单的一段作为分析对象。

（2）画轴力图。取一个坐标系，其横坐标表示横截面的位置，纵坐标表示相应横截面上的轴力，便可以用图线表示出沿活塞杆轴线轴力变化的情况，如图 5-4（f）所示。

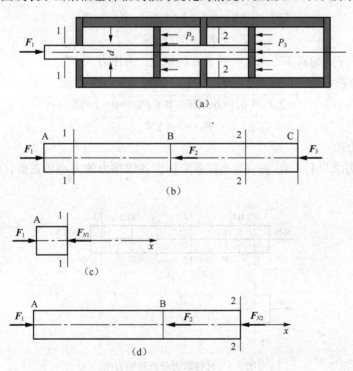

图 5-4 双压式铆机轴力分析及轴力图

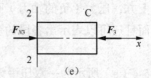

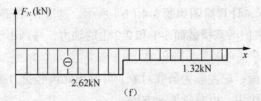

图 5-4 双压手铆机轴力分析及轴力图（续）

例 5-2 试绘制图 5-5（a）所示杆件的轴力图。

解：（1）分段计算轴力。

为求 *AB* 段内的轴力，用一假想的截面 1—1 从 *AB* 段任一截面将杆截开并取出左段，如图 5-5（b）所示，设 1—1 截面的轴力 F_{N1} 为正，由此段的平衡方程

$$\sum F_x = 0, \quad -6 + F_{N1} = 0 \quad 得$$

$$F_{N1} = 6 \text{ kN}$$

F_{N1} 为正，说明 F_{N1} 的方向与假设方向相同，为拉力。由于 1—1 截面是在 *AB* 段内任取的，所以 *AB* 段内任一截面的轴力都为 6kN。

为求 *BC* 段内的轴力，用一假想的截面 2—2 从 *BC* 段任一截面将杆截开，研究其左段，如图 5-5（c）所示，同样，假设轴力 F_{N2} 为正，由左段的平衡方程

$$\sum F_x = 0, \quad -6 + 18 + F_{N2} = 0 \quad 得$$

$$F_{N2} = -12 \text{ kN}$$

结果为负值，说明 F_{N2} 的真实方向应与图设方向相反，为压力。

同理可求 *CD* 段内任一横截面上的内力 F_{N3}，如图 5-5（d）所示，由

$$\sum F_x = 0, \quad -6 + 18 - 8 + F_{N3} = 0 \quad 得$$

$$F_{N3} = -4 \text{ kN}$$

（2）画出轴力图。

各段内的轴力求出后，在 x—F_N 坐标系中标出各段轴力的大小和正负，即得轴力图，如图 5-5（e）所示。

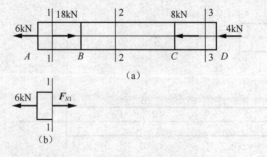

图 5-5 杆件轴力分析及轴力图

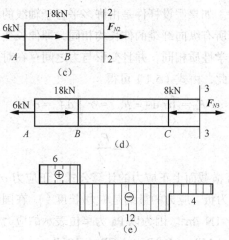

图 5-5　杆件轴力分析及轴力图（续）

5.2 | 轴向拉（压）杆横截面上的应力

为了对拉（压）杆进行强度和刚度计算，仅知道横截面上的轴力还不够。因为，同一种材料制成的粗细不同的两根杆，在相同的拉力作用下，两杆的轴力相同，但是当外力逐渐增加，细杆会先被拉断，这说明杆件的强度不仅与轴力相关，还与内力在截面上的分布集度即应力相关。若内力在截面上是均匀分布的，那么截面上的内力除以截面面积，得到单位面积上的内力，称为应力。

在拉（压）杆的横截面上，由于轴力 F_N 垂直于横截面，故在横截面上与轴力对应的是正应力 σ。根据连续性假设，横截面上到处都存在着内力，以 A 表示横截面面积，则微分面积 $\mathrm{d}A$ 上的相应的法向内力元素 $\sigma \mathrm{d}A$ 表示微分面积上的轴力。

$$\int_A \sigma \, \mathrm{d}A = F_N \tag{5.1}$$

要求得横截面上的应力，必须知道正应力 σ 在横截面上的分布规律。为此我们通过实验来观察拉（压）杆的变形规律，从而推测应力在截面上的分布规律。

如图 5-6 所示的等直杆，变形前在杆的侧表面上画垂直于杆轴线的直线 ab 和 cd（图中实线所示），然后在杆的两端施加轴向拉力 F。从变形后的杆（图中虚线所示）可以观察到 ab 和 cd 分别平行地移到 $a'b'$ 和 $c'd'$，它们仍为直线，并且仍然垂直于轴线。

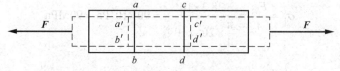

图 5-6　杆件轴向拉伸变形示意图

根据这一现象，可以假设：变形前原为平面的横截面，变形后仍保持为平面且仍垂直于轴线。这个假设称为平面假设。如果假设杆件是由许多平行于轴线的纵向纤维组成，在受到拉伸作用后，任意两横截面间的所有纵向纤维的伸长均相同，即伸长变形是均匀的。由材料的均匀性假设，即各纵向纤维的力学性质相同，并且变形与力之间存在对应关系，可以推知横截面上的正应力是均匀分布的。因此，由式（5.1）可得

$$F_N = \int_A \sigma \, \mathrm{d}A = F_N \ = \sigma \int_A \mathrm{d}A \ = \sigma A$$

即
$$\sigma = \frac{F_N}{A} \tag{5.2}$$

式（5.2）为拉（压）杆横截面上正应力的计算公式。正应力 σ 的正负号规定与轴力 F_N 相同，即拉应力为正，压应力为负。应力的量纲是（力/长度^2），在国际单位制中常用的单位为帕斯卡，简称帕（Pa）。$1\mathrm{Pa} = 1\mathrm{N}/\mathrm{m}^2$。因为以 Pa 为单位表示的应力值太小，因此工程中常采用 MPa 或 GPa 为应力的单位。$1\,\mathrm{MPa} = 10^6\,\mathrm{Pa}$，$1\,\mathrm{GPa} = 10^9\,\mathrm{Pa}$。

例 5-3　如图 5-7 所示结构，试求杆件 *AB*、*CB* 的应力。已知 $F = 20\,\mathrm{kN}$，斜杆 *AB* 为直径 20 mm 的圆截面杆，水平杆 *CB* 为 15mm×15mm 的方截面杆。

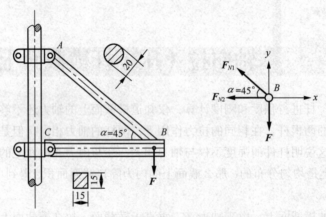

图 5-7　杆件连接及其受力分析

解：（1）计算各杆件的轴力。（设斜杆为 1 杆，水平杆为 2 杆）用截面法取节点 *B* 为研究对象，列平衡方程

$$\sum F_x = 0 \quad F_{N1} \cos 45° + F_{N2} = 0$$
$$\sum F_y = 0 \quad F_{N1} \sin 45° - F = 0$$

解得

$$F_{N1} = 28.3\,\mathrm{kN} \quad F_{N2} = -20\,\mathrm{kN}$$

（2）计算各杆件的应力。

对 *AB* 杆件

$$\sigma_1 = \frac{F_{N1}}{A_1} = \frac{28.3 \times 10^3}{\dfrac{\pi}{4} \times 20^2 \times 10^{-6}} = 90 \times 10^6\,\mathrm{Pa} = 90\mathrm{MPa}$$

对 *BC* 杆件

$$\sigma_2 = \frac{F_{N2}}{A_2} = \frac{-20 \times 10^3}{15^2 \times 10^{-6}} = -89 \times 10^6\,\mathrm{Pa} = -89\mathrm{MPa}$$

例 5-4 矿井起重机钢绳如图 5-8（a）所示，AB 段截面积 $A_1 = 300\ mm^2$，BC 段截面积 $A_2 = 400\ mm^2$，钢绳的单位体积重量 $\gamma = 28\ kN/m^3$，长度 $l = 50m$，起吊重物的重量 $P = 12\ kN$。求：（1）钢绳内的最大应力；（2）作轴力图。

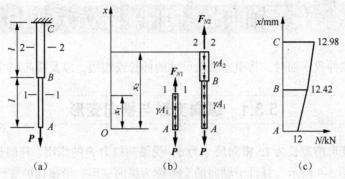

图 5-8　矿井起重机钢绳轴力分析及轴力图

解：（1）在可能危险的 1 段 B 面，2 段 C 面截开，分别对各段进行受力分析，如图 5-8（b），列平衡方程得

1—1 截面

$$F_{N1} = P + \gamma A_1 l = 12 + 28 \times 3 \times 10^{-4} \times 50 = 12.42\ kN$$

$$\sigma_1 = \frac{F_{N1}}{A_1} = \frac{12.42 \times 10^3}{3 \times 10^{-4}} = 41.4\ MPa$$

2—2 截面

$$F_{N2} = P + \gamma A_1 l + \gamma A_2 l = 12.42 + 28 \times 4 \times 10^{-4} \times 50 = 12.98\ kN$$

$$\sigma_2 = \frac{F_{N2}}{A_2} = \frac{12.98 \times 10^3}{4 \times 10^{-4}} = 36.8\ MPa$$

所以

$$\sigma_{max} = \sigma_1 = 41.4 MPa$$

（2）作轴力图。

取 1—1 截面（AB 段）

$$F_{N1}(x) = P + \gamma A_1 x_1 \qquad (0 \leqslant x_1 \leqslant l) \tag{a}$$

取 2—2 截面（BC 段）

$$F_{N2}(x) = P + \gamma A_1 l + \gamma A_2 (x_2 - l) \qquad (l \leqslant x_2 \leqslant 2l) \tag{b}$$

由式（a）

$$F_{NA} = F_{N1}(0) = P = 12\ kN$$

$$F_{NB} = F_{N1}(l) = P + \gamma A_1 l = 12 + 28 \times 3 \times 10^{-4} \times 50 = 12.42\ kN$$

由式（b）

$$F_{NB} = F_{N2}(l) = 12.42\ kN$$

$$F_{NC} = F_{N2}(2l) = P + \gamma A_1 l + \gamma A_2 (2l - l) = 12.42 + 28 \times 4 \times 10^{-4} \times 50 = 12.98\ kN$$

在图 5-8（c）所示 F_N—x 坐标下，由式(a)、(b)知 $F_N(x)$ 随 x 呈直线变化。由 3 个控制面上控制值 F_{NA}、F_{NB}、F_{NC} 画出由两段斜直线构成的轴力图，如图 5-8（c）所示。

5.3 | 轴向拉（压）杆横截面上的变形

直杆在轴向拉伸或压缩时，将引起轴向尺寸的伸长或缩短，以及横向尺寸的缩短或伸长。

5.3.1 纵向变形与横向变形

设等直杆在变形前原长为 l，横向尺寸为 d；受轴向拉力 F 的作用，杆的长度变为 l_1，横向尺寸变为 d_1，如图 5-9 所示。杆件沿轴向的变形称为纵向变形，沿横向的变形称为横向变形。下面分别予以讨论。

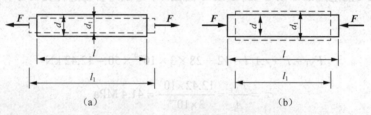

图 5-9 轴向拉（压）杆横截面变形示意图

（1）纵向变形。

$$\Delta l = l_1 - l$$

Δl 为纵向变形，它反映了杆件总的纵向变形量，但不能反映变形的程度。为此用纵向变形量除以总长度，即

$$\varepsilon = \frac{\Delta l}{l} \qquad (5.3)$$

称 ε 为纵向线应变，简称线应变，它反映了杆件纵向变形的程度。ε 是一个量纲唯一的量，它的正负号规定与 Δl 相同，拉伸时为正，压缩时为负。

（2）横向变形。

$$\Delta d = d_1 - d$$

Δd 为横向变形，其相应的横向应变记为 ε'，即

$$\varepsilon' = \frac{\Delta d}{d} \qquad (5.4)$$

5.3.2 胡克定律

对于一般工程材料制成的轴向受拉（压）杆，实验证明：当杆所受的外力未超过材料的某一极限值时（下节将介绍这一极限值就是材料的比例极限），杆的伸长（缩短）Δl 与杆所受的外力 F 及杆的原长 l 成正比，而与其横截面积 A 成反比，即

$$\varepsilon = \frac{\sigma}{E} \text{ 或 } \sigma = E\varepsilon \qquad (5.5)$$

这是胡克定律，式中的比例常数 E 称为弹性模量。它表示材料在拉伸（压缩）时抵抗弹性变形的能力。其值随材料而异，由实验测定。单位是 Pa（MPa 或 GPa）。

实验还表明，当应力不超过比例极限时，横向线应变与轴向线应变成正比，但符号相反，即

$$\varepsilon' = -\mu\varepsilon \qquad (5.6)$$

式中，μ 称为泊松比，是无量纲量，它和弹性模量 E 一样，都是材料的固有弹性常数。

若将式 $\sigma = \dfrac{F_N}{A}$ 和 $\varepsilon = \dfrac{\Delta l}{l}$ 代入式 $\sigma = E\varepsilon$，可得到胡克定律的另一中形式

$$\Delta l = \frac{F_{N1}}{EA} \qquad (5.7)$$

式中的 EA 称为抗拉（压）刚度。对于长度和受力均相同的拉（压）杆，其抗拉（压）刚度越大，则杆的变形越小，所以它是反映杆件抵抗拉伸（压缩）变形能力大小的一个力学量。表 5-1 给出了工程中几种常用材料的弹性模量 E 和泊松比 μ 的值。

表 5-1　　　　　　　　　几种常用材料的 E 和 μ 的值

材料名称	E / GPa	μ
碳素钢	196～216	0.24～0.28
合金钢	186～26	0.25～0.30
灰铸铁	78.5～157	0.23～0.27
铜及其合金	72.6～128	0.31～0.42
铝合金	70	0.33

例 5-5　如图 5-10 所示圆截面杆，用铝合金制成，承受轴向拉力 F 作用。已知杆长 $l=100$ mm，杆径 $d=10$ mm，轴向伸长 $\Delta l = 0.182$ mm，横向变形 $\Delta d = -0.005\,45$ mm，试计算杆的轴向正应变 ε、横向正应变 ε' 及材料的泊松比 μ。

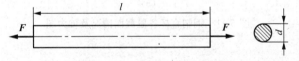

图 5-10　铝合金杆件拉伸示意图

解：根据式（5.3）和式（5.4），得杆的轴向与横向正应变分别为

$$\varepsilon = \frac{\Delta l}{l} = \frac{0.182}{100} = 1.82 \times 10^{-3}$$

$$\varepsilon' = \frac{\Delta d}{d} = \frac{-0.005\,45}{10} = -5.45 \times 10^{-4}$$

于是，由式（5.6）得材料的泊松比为

$$\mu = -\frac{\varepsilon'}{\varepsilon} = \frac{5.45 \times 10^{4}}{1.82 \times 10^{-3}} = 0.299$$

例 5-6　钢制直杆，各段长度及载荷情况如图 5-11（a）所示。各段横截面面积分别为 $A_1=A_3=$ 300 mm^2，$A_2=200$ mm^2。材料弹性模量 $E=200$ GPa。试计算杆件各段的轴向变形，并确定截面

D 的位移。

解:（1）作杆件的轴力图。用截面法计算各段的轴力，$F_N^{AB} = 40$ kN，$F_N^{BC} = 20$ kN，$F_N^{CD} = 30$ kN，并作轴力图，如图 5-11（b）所示。

（2）杆件各段轴向变形量的计算。按式（5.7），各段轴向变形为

$$\Delta l_{AB} = \frac{F_N^{AB} l_{AB}}{EA_{AB}} = \frac{40 \times 10^3 \times 10^3}{200 \times 10^3 \times 300} = 0.67\,\text{mm}\ (\text{伸长})$$

$$\Delta l_{BC} = \frac{F_N^{BC} l_{BC}}{EA_{BC}} = -\frac{20 \times 10^3 \times 2 \times 10^3}{200 \times 10^3 \times 200} = -1\,\text{mm}\ (\text{缩短})$$

$$\Delta l_{CD} = \frac{F_N^{CD} l_{CD}}{EA_{CD}} = \frac{30 \times 10^3 \times 10^3}{200 \times 10^3 \times 300} = 0.5\,\text{mm}\ (\text{伸长})$$

（3）截面 D 位移的确定。杆件于左端截面 A 处固定，考虑到各段的伸长或缩短对位移的不同影响，截面 D 的轴向位移为

$$\Delta l = \Delta l_{AB} + \Delta l_{BC} + \Delta l_{CD} = 0.67 - 1 + 0.5 = 0.17\,\text{mm}$$

计算结果为正，说明杆的总变形量为拉伸变形，截面 D 向右。

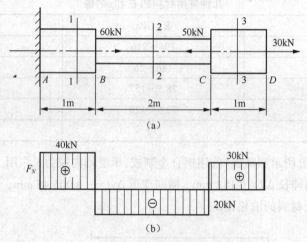

图 5-11　钢制直杆各段截面情况及轴力图

5.4 轴向拉（压）杆的强度计算

概述中指出：构件必须满足强度的要求。知道构件由于外力引起的应力（即工作应力）后，仍不足以判断构件是否安全可靠。构件的强度还和材料能够承受的应力有关，其实际工作应力须小于材料的破坏应力。为了保证构件安全可靠地工作并有一定的强度储备，在工程中，为各种材料规定出设计构件时应力的最高限度，称为许用应力，用[σ]表示。表 5-2 列出了几种常用材料在常温、静载和一般工作条件下许用应力[σ]的约值。

表 5-2	几种常用材料许用应力的约值	
材　　料	许用应力[σ] / MPa	
	拉　伸	压　缩
灰铸铁	31～78	120～150
Q216 钢	140	
Q235 钢	160	
16 锰	240	
45 钢（调质）	190	
铜	30～120	
铝	30～80	
松木（顺纹）	6.9～9.8	9.8～11.7
混凝土	0.1～0.7	0.98～8.8

许用应力是构件正常工作时应力的极限值，即要求最大工作应力 σ_{max} 不超过许用应力[σ]，这就是构件轴向拉伸或压缩时的强度条件，即

$$\sigma_{max} = \frac{F_N}{A} \leqslant [\sigma] \qquad (5.8)$$

一般而言，式中 F_N 是构件内轴力的最大值，A 为杆的横截面面积。对变截面轴，应考虑 F_N 与 A 的比值，其最大值作为上述公式中的 σ_{max}。针对不同情形，可利用上述强度条件对拉（压）构件进行下列 3 种强度计算。

（1）强度校核。已知构件的材料、截面尺寸和所承受的载荷，校核构件是否满足强度条件式（5.8），从而判断构件是否能安全工作。

（2）设计截面尺寸。已知杆件所用材料及载荷，确定杆件所需要的最小横截面面积，即

$$A \geqslant \frac{F_N}{[\sigma]} \qquad (5.9)$$

（3）确定许用载荷。已知构件的截面尺寸和许用应力，确定构件或结构所能承受的最大载荷。为此，可先计算构件允许承受的最大轴力。

$$F_{N.\,max} \leqslant A[\sigma] \qquad (5.10)$$

例 5-7　图 5-12（a）所示气缸的内径 D= 400 mm，气缸内的工作压强 p =1.2 MPa，活塞杆直径 d = 65 mm，气缸盖和气缸体用螺纹根部直径为 18 mm 的螺栓联接。若活塞的许用应力为 50 MPa，螺栓的许用应力为 40 MPa。试校核该活塞杆的强度并确定所需螺栓的个数 n。

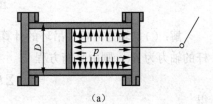

（a）

解：（1）活塞杆强度的计算。活塞杆因作用于活塞上的压力而受拉，如图 5-12（b）所示，轴力 F_{N1} 可由气体压强和活塞面积求得（因活塞杆截面面积 A 远小于活塞面积 A_1，故可略去不计）。即

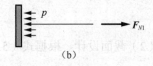

（b）

图 5-12　气缸内部受力分析

$$F_{N1} = p\,A_1 = \frac{1.2 \times 400^2 \times \pi}{4}$$

由强度条件式（5.8）得活塞杆应力为

$$\sigma = \frac{N_1}{A} = \frac{1.2 \times \frac{\pi}{4} \times 400^2}{\frac{\pi}{4} \times 65^2} = 45.4 \text{MPa} < 50 \text{MPa}$$

所以，活塞的强度足够。

（2）螺栓个数的计算。设每个螺栓所受的拉力为 F_{N2}，n 个螺栓所受的拉力与汽缸盖所受的压力相等，即由强度条件有

$$\sigma_{螺栓} = \frac{F_{N2}}{A_2} = \frac{1.2 \times \frac{\pi}{4} \times 400^2}{n\left(\frac{\pi}{4} \times 18^2\right)} \leqslant 40$$

由此可得 $n \geqslant 14.8$

故选用 15 个螺栓可满足强度要求，但考虑到加工方便，选用 16 个螺栓为好。

例 5-8 如图 5-13 所示吊环，由圆截面斜杆 *AB*、*AC* 及横梁 *BC* 所组成。已知吊环的最大吊重 *F*=500kN，斜杆用锻钢制成，其许用应力 $[\sigma] = 120$ MPa，斜杆与拉杆轴线的夹角 $\alpha = 20°$，试确定斜杆的直径。

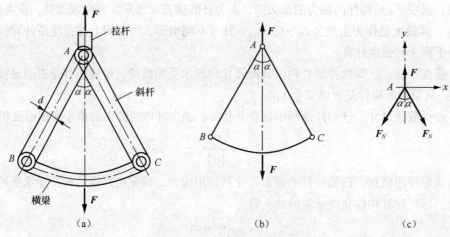

图 5-13 吊环及其受力分析

解：（1）轴力分析。吊环的计算简图和接点 *A* 的受力分别如图 5-13（b）、（c）所示。设斜杆的轴力为 F_N，则由平衡方程

$$\sum F_y = 0, \quad F - 2F_N \cos\alpha = 0$$

得

$$F_N = \frac{F}{2\cos\alpha} = \frac{500}{2\cos 20°} = 266 \text{kN}$$

（2）截面设计。根据式（5.9），得斜杆截面所需面积为

$$A \geqslant \frac{F_N}{[\sigma]}$$

或要求

$$\frac{\pi d^2}{4} \geqslant \frac{F_N}{[\sigma]}$$

由此得斜杆横截面的直径为

$$d \geqslant \sqrt{\frac{4F_N}{\pi[\sigma]}}$$

将有关数据代入上式，得

$$d \geqslant \sqrt{\frac{4 \times 266 \times 10^3}{\pi \times 120}} = 53.1\,\text{mm}$$

取 $d=55\text{mm}$。

例 5-9　如图 5-14（a）所示支架，由杆 1 与杆 2 组成，在接点 B 承受垂直载荷 F 作用，试计算载荷 F 的最大允许值 [F]。已知杆 1、2 的横截面面积为 $A = 100\,\text{mm}^2$，许用拉应力为$[\sigma] = 200\,\text{MPa}$，$[\sigma'] = 150\,\text{MPa}$。

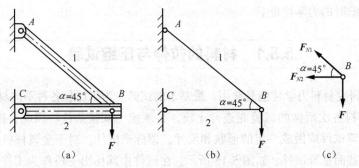

图 5-14　支架及其受力分析

解：（1）轴力分析。支架的计算简图和接点 B 的受力分别如图 5-14（b）、（c）所示。设杆 1、2 的轴力分别为 F_{N1} 和 F_{N2}，则由平衡方程

$$\sum F_x = 0,\ F_{N2} - F_{N1}\cos 45° = 0$$
$$\sum F_y = 0,\ F_{N1}\sin 45° - F = 0$$

得

$$F_{N1} = \sqrt{2}\,F\ (受拉)$$
$$F_{N2} = F\ (受压)$$

（2）确定 F 的许用值。杆 1 的强度条件为

$$\frac{F_{N1}}{A} = \frac{\sqrt{2}F}{A} \leqslant [\sigma]$$

由此得

$$F_{N1} \leqslant \frac{A[\sigma]}{\sqrt{2}} = \frac{100 \times 200}{\sqrt{2}} = 14.14\,\text{kN}$$

杆 2 的强度条件为

$$\frac{F_{N2}}{A} = \frac{F}{A} \leqslant [\sigma']$$

由此得

$$F \leqslant A[\sigma] = 100 \times 150 = 15.0 \text{ kN}$$

可见，支架所能承受的最大载荷及许用载荷为

$$[F] = 14.14 \text{ kN}$$

5.5 材料在拉伸和压缩时的力学性能

在设计构件时，必须考虑合理选用材料的问题，这就要了解材料的力学性能，所谓材料的**力学性能**，是指材料在外力作用下所表现的有关强度和变形方面的特性。材料的力学性能，需通过力学试验测定，测试时材料所处的工作环境可能是常温、高温或低温，所承受的荷载可能是静荷载或动荷载等，这些因素都会影响材料的力学性能。本节主要讨论常温、静载条件下，材料在拉伸和压缩时的力学性能。

5.5.1 材料的拉伸与压缩试验

拉伸试验是研究材料力学性能最常用、最基本的试验。为了比较各种不同材料的力学性能，以及对同一种材料各次所做的试验能进行比较，必须统一试验条件。因此，国家标准（GB/T 6397—1986）规定试件应做成一定的形状和尺寸，即标准试件。对于金属材料的拉伸试件，常做成圆形或矩形截面标准试件，如图 5-15 所示。在试件中部标出一段作为工作段，用于测量变形，其长度称为标距 l。拉伸试件又分为长试件和短试件，对圆截面试件，这两种标准试件的标距 l 与横截面直径的比例分别规定为 $l = 10d$ 和 $l = 5d$。对矩形截面试件，这两种标准试件的标距 l 与横截面面积 A 的比例分别规定为 $l = 11.3\sqrt{A}$ 和 $l = 5.63\sqrt{A}$。

压缩试件通常采用圆截面或方截面的短柱体，如图 5-16 所示。为了避免试件在试验过程中被压弯，其长度与横截面直径 d 或边长 b 的比值，一般规定为 1～3。

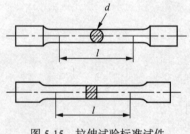

图 5-15 拉伸试验标准试件

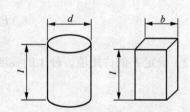

图 5-16 压缩试验标准试件

由于材料的品种很多，现仅对具有代表性的典型材料——低碳钢的拉伸试验进行介绍，用以说明材料在拉伸时的机械性质。

5.5.2 低碳钢拉伸时的应力——应变图及其力学性能

低碳钢是含碳量低于 0.3% 的碳素钢。这类钢材在工程上使用广泛，在拉伸试验中表现出的

机械性质也最为典型。

试验时，将试件安装在万能试验机的上下夹头中，然后开动试验机，使试件受到缓慢增加的拉力，直到拉断为止。不同载荷 F 与试件标距内的绝对伸长量 Δl 之间的关系，可通过试验机上的自动绘图仪绘出相应的关系曲线，如图 5-17 所示，这一关系曲线称为低碳钢的拉伸图。

F—Δl 曲线的定量特征与试样的尺寸（横截面原始面积 A 及工作段的原始长度 l）有关，不宜用来表征材料的力学性能。为了使试验结果能反映材料的性质，应消除试件尺寸的影响，所以将拉伸图的纵坐标 F 除以试件的原横截面面积 A（$\sigma = F/A$），而将其横坐标 Δl 除以原标距长度 l（$\varepsilon = \Delta l / l$）。这样得到的曲线就与试件的尺寸无关，称为应力—应变曲线，或 σ—ε 曲线。如图 5-18 所示，其形状与拉伸图相似，只是纵、横坐标比例尺有了改变。

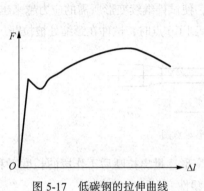

图 5-17　低碳钢的拉伸曲线

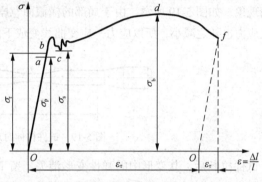

图 5-18　低碳纲拉伸时的应力—应变曲线

从应力—应变曲线可了解到低碳钢拉伸时的力学性能。低碳钢拉伸试验的整个过程，可分为如下 4 个阶段。

1. 弹性阶段

在图 5-18 所示的应力—应变曲线中，ob 段表示材料的弹性阶段，在此段内，变形全部是弹性的。若此时将荷载卸掉，则变形随即消失，试件恢复原状，b 点所对应的应力值称为材料的弹性极限，用 σ_e 表示。在弹性阶段内，oa 段为一直线，说明此段内的应力与应变成正比，最高点 a 对应的应力值，称为材料的比例极限，用 σ_p 表示。ab 段呈微弯，应力与应变不成正比关系，但变形是完全弹性的。弹性极限与比例极限二者的意义不同，前者是材料不发生塑性变形的最大应力值；后者是应力与应变成正比的最大应力值。试验表明，σ_p、σ_e 非常接近，在工程实际中，一般不严格区分，统称为弹性极限。

2. 屈服阶段

当试件的应力超过 σ_e 后，在应力—应变图上出现了材料所受的应力几乎不增加，但应变却迅速增加的现象（表现在试验机的载荷读数停止不动或有时出现微小的波动，而试件变形却在继续增加），这种现象称为材料的屈服。这一阶段称为屈服阶段。在此阶段开始出现塑性变形，σ—ε 曲线为波动曲线，不计瞬时效应，把曲线第一次波动的最低点 c 所对应的应力值，称为屈服极限，用 σ_s 表示。屈服极限是塑性材料的重要强度指标。

3. 强化阶段

经过屈服阶段后，从 c 点至 d 点曲线又呈上升趋势，这表明要使试件继续变形，必须增加应力，即材料又恢复了抵抗变形的能力。这是因为材料经过屈服阶段后，内部晶体组织的排列重新得到调整，产生了抵抗滑移的能力，这种现象称为材料的强化。这一阶段称为强化阶段。在强化阶段曲线最高点 d 所对应的应力值，称为强度极限，用 σ_b 表示。它是试件断裂前所能承受的最大名义应力值，是塑性材料的另一个重要强度指标。

4. 局部变形阶段

当应力达到强度极限后，试件变形将集中于某一小范围内，出现局部明显的收缩，即所谓的颈缩现象，如图 5-19 所示。由于局部的横截面急剧收缩，使试件继续变形所需的应力越来越小，名义应力也随之减小，所以应力—应变曲线变成下降的，到了 f 点时，试件在颈缩处被拉断。

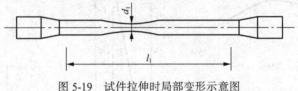

图 5-19　试件拉伸时局部变形示意图

试件拉断后，其变形中的弹性变形消失，留下塑性变形。量出拉断后工作段的长度 l_1 和断口处的横截面积 A_1，则可用下面的两个量作为衡量材料塑性变形程度的指标。

（1）延伸率。试件拉断后，标距段的残余伸长与原标距长度的百分比称为材料的延伸率，用 δ 表示，即

$$\delta = \frac{l_1 - l}{l} \times 100\%$$

式中：l——原标距长度；l_1——试件断裂后标距的长度。

对于低碳钢 $\delta = 20\% \sim 30\%$。

延伸率是衡量材料塑性的一个重要指标，工程上，常根据其大小来区别材料的塑性与脆性，通常规定 $\delta > 5\%$ 的材料为塑性材料，如钢、铜、铝等；$\delta < 5\%$ 的材料为脆性材料，如铸铁、石料、混凝土等。

（2）断面收缩率。试件拉断后，拉断处横截面面积的收缩量与原横截面积的百分比称为材料的断面收缩率，用 ψ 表示，即

$$\Psi = \frac{A - A_1}{A} \times 100\%$$

式中：A——试验前试件的横截面积；A_1——拉断后颈缩处的最小横截面积。

对于低碳钢，$\psi = 60\%$ 左右。

5.5.3　材料在压缩时的力学性质

压缩试验所用的金属试件一般制成短圆柱形，以免被压弯。圆柱高度为直径的 1.5～3 倍。混凝土、石料等则制成立方体的试件。

图 5-20 中的实线部分为低碳钢压缩时的应力—应变曲线。试验结果表明：低碳钢压缩时的弹性模量 E 与屈服极限 σ_s 都与拉伸时大致相同。应力超过屈服极限 σ_s 以后，试件越压越扁，横截面面积随载荷不断增大，即使压成饼状也不会断裂，因此无法测出压缩时的强度极限。故低碳钢的机械性质可从拉伸试验测得，未必一定要进行压缩试验。

图 5-21 所示为铸铁压缩时的应力—应变曲线，图中同时还给出了铸铁在拉伸时的应力—应变曲线（虚线），比较这两条曲线可以看出，铸铁在压缩时，无论强度极限还是延伸率，都比拉伸时大得多。另外，曲线中的直线部分很短，没有屈服极限，试件将沿与轴线呈 45°～54° 的斜截面发生剪切错动破坏。这说明铸铁的抗剪能力比抗压能力差，它的抗压强度极限为抗拉强度的 4～5 倍。因此，工程上常将铸铁用作抗压构件。

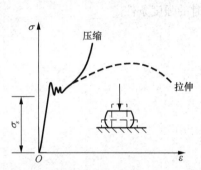

图 5-20　低碳纲压缩时的应力—应变曲线

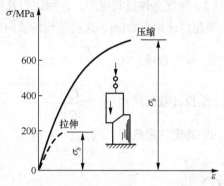

图 5-21　铸铁压缩时的应力—应变曲线

本章小结

本章介绍材料力学的基本概念和分析方法，并结合其受力与变形研究拉（压）杆的强度和刚度问题。

1. 基本概念

（1）轴力：作用线垂直于所切横截面并通过其形心的内力称为轴力。

（2）轴力图：表示轴力沿杆轴变化情况的图线称为轴力图。

（3）轴力图画法：以平行于杆轴的坐标 x 表示横截面的位置，垂直于杆轴的另一坐标 F_N 表式轴力，得到轴力沿杆轴的变化曲线。

（4）正应力：沿截面法向的应力分量称为正应力。

正应力的计算：$\sigma = \dfrac{F_N}{A}$

（5）应变：表示单位长度的变形量。

纵向线应变：$\varepsilon = \dfrac{\Delta l}{l}$

横向线应变：$\varepsilon' = \dfrac{\Delta d}{d}$

2. 胡克定律及强度条件

（1）胡克定律。对于一般工程材料制成的轴向受拉（压）杆，实验证明：当杆所受的外力未超过材料的某一极限值时，杆的伸长（缩短）Δl 与杆所受的外力 F 及杆的原长 l 成正比，而与其横截面积 A 成反比，即

$$\varepsilon = \frac{\sigma}{E} \text{ 或 } \sigma = E\varepsilon$$

（2）强度条件极其应用。许用应力是构件正常工作时应力的极限值，即要求最大工作应力 σ_{max} 不超过许用应力 $[\sigma]$，这就是构件轴向拉伸或压缩时的强度条件。

① 强度校核：$\sigma_{max} = \dfrac{F_N}{A} \leqslant [\sigma]$。

② 设计截面尺寸：$A \geqslant \dfrac{F_N}{[\sigma]}$。

③ 确定许用载荷：$F_{N. max} \leqslant A[\sigma]$。

思考与练习

5.1 试述应力公式 $\sigma = \dfrac{F_N}{A}$ 的适用条件。应力超过弹性极限后还能否适用？

5.2 把一低碳钢试件拉伸到应变 $\varepsilon = 0.002$ 时能否用胡克定律 $\sigma = E\varepsilon$ 来计算？为什么？（低碳钢的比例极限 $\sigma_p = 200$ MPa，弹性模量 $E = 200$ GPa）。

5.3 何谓弹性与线弹性？胡克定律的适用范围是什么？

5.4 为什么说低碳钢材料经过冷作硬化后，比例极限提高而塑性降低？材料塑性的高低与材料的使用有什么关系？

5.5 杆件受拉（压）时的最大切应力在 45° 斜截面上，铸铁压缩破坏和最大切应力有关，但其破坏断面却是 45°～50° 的斜截面，这是为什么？

5.6 拉杆或压杆如图所示。试用截面法求各杆指定截面的轴力，并画出各杆的轴力图。

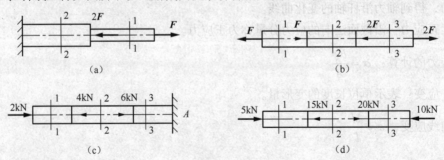

题 5.6 图

5.7 图示的杆件 AB 和 GF 用 4 个铆钉连接，两端受轴向力 F 作用，设各铆钉平均分担所传递的力为 F，求作 AB 杆的轴力图。

5.8 简易起吊架如图所示，AB 为 10cm×10cm 的杉木，BC 为 $d = 2$cm 的圆钢，$F = 26$ kN。试求斜杆及水平杆横截面上的应力。

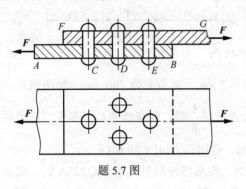

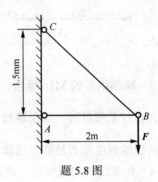

题 5.7 图　　　　　　　　　　　　　题 5.8 图

5.9 阶梯轴受轴向力 $F_1 = 25$ kN，$F_2 = 40$ kN，$F_3 = 35$ kN 的作用，截面面积 $A_1 = A_3 = 300$ mm^2，$A_2 = 250$ mm^2。试求图示中各段横截面上的正应力。

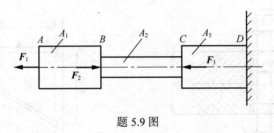

题 5.9 图

5.10 已知图示杆横截面面积 $A = 10$ cm^2，杆端受轴向力 $F = 40$ kN。试求 $\alpha = 60°$ 及 $\alpha = 30°$ 时斜截面上的正应力及切应力。

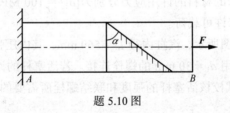

题 5.10 图

5.11 圆截面钢杆如图所示，试求杆的最大正应力及杆的总伸长。已知材料的弹性模量 $E = 200$ GPa。

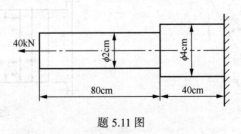

题 5.11 图

5.12 直杆受力如图所示，它们的横截面面积为 A 和 A_1，且 $A = 2A_1$，长度为 l，弹性模量

为 E，载荷 $F_2 = 2F_1 = F$。试求杆的绝对变形 Δl 及各段杆横截面上的应力。

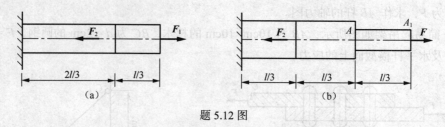

（a）　　　　　　　　　（b）

题 5.12 图

5.13　联结钢板的 M16 螺栓，螺栓螺距 $S = 2$ mm，两板共厚 700 mm，如图所示。假设板不变形，在拧紧螺母时，如果螺母与板接触后再旋转 $\frac{1}{8}$ 圈，问螺栓伸长了多少？产生的应力为多大？问螺栓强度是否足够？已知 $E = 200$ GPa，许用应力 $[\sigma] = 60$ MPa。

5.14　托架结构如图所示。载荷 $F = 30$ kN，现有两种材料铸铁和 Q235A 钢，截面均为圆形，它们的许用应力分别为 $[\sigma_T] = 30$ MPa，$[\sigma_C] = 120$ MPa 和 $[\sigma] = 160$ MPa。试合理选取托架 AB 和 BC 两杆的材料并计算杆件所需的截面尺寸。

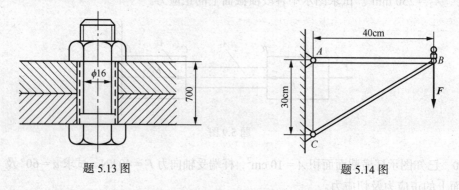

题 5.13 图　　　　　　　　　　　题 5.14 图

5.15　图中 AB 和 BC 杆的材料的许用应力分别为 $[\sigma_1] = 100$ MPa，$[\sigma_2] = 160$ MPa，两杆截面面积均为 $A = 2$ cm^2，试求许可载荷。

5.16　蒸气机的汽缸如图所示，汽缸内径 $D = 560$ mm，其内压强 $p = 2.5$ MPa，活塞杆直径 $d = 100$ mm，汽缸盖和缸体用 $d_1 = 30$ mm 的螺栓连接。若活塞杆的许用应力 $[\sigma] = 80$ MPa，螺栓的许用应力 $[\sigma] = 60$ MPa。试校核活塞杆的强度和联结螺栓所需要的个数。

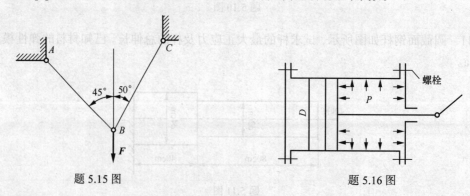

题 5.15 图　　　　　　　　　　　题 5.16 图

第6章

剪切与挤压

在工程中，为了将构件相互连接起来，常用铆钉、螺栓、键或销钉等，这些起连接作用的部件统称为连接件。连接件的受力与变形一般是很复杂的，很难做出精确的理论分析。因此，工程中通常采用实用的简化分析方法。本章以铆钉等连接为例，介绍剪切构件的受力和变形特点，剪切构件可能的破坏形式及螺钉、键等常见连接件的剪切和挤压的实用计算。

6.1

剪切变形及其实用计算

6.1.1 剪切的概念

剪切变形是工程中常见的4种基本变形之一。常用的连接件，如常用的销、铆钉和螺栓等都是发生剪切变形的构件，分别如图6-1（a）、（b）、（c）所示。现以铆钉连接为例来说明剪切变形的概念及其受力特点和变形特点。

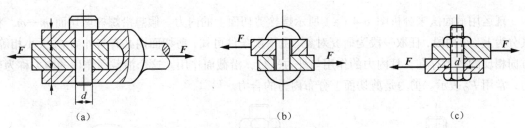

| (a) | (b) | (c) |

图 6-1　工程中的剪切变形实例

如图 6-2（a）所示，钢板所受的外力传递到铆钉，从而使铆钉左右两侧面受力，如图 6-2（b）所示，当力 F 增加时，铆钉的上、下两部分有沿着 m—m 截面发生相对错动的趋势，如图 6-2（c）所示，甚至使铆钉被剪断，如图 6-2（d）所示。这种构件截面间发生相对错位的变形，称为剪切变形。剪切变形的受力特点是，构件受到一对大小相等，方向相反、作用线平行且相距很近的外力作用。剪切的变形特点是，在一对外力作用线之间的截面发生相对错动。

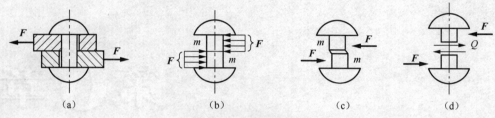

图 6-2　铆钉剪切变形示意图

　　构件产生剪切变形时，发生相对错动的截面（m—m）称为剪切面。剪切面平行于外力的作用线，且在两个反向外力作用线之间。构件中只有一个剪切面的剪切称为单剪，如图 6-2（b）所示。构件中有两个剪切面的剪切称为双剪，如图 6-3 中的 m—m 和 n—n 截面。

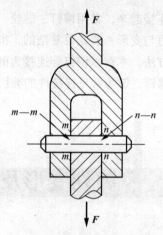

图 6-3　销的双剪切面示意图

6.1.2　剪切的实用计算

1. 剪力

　　现运用截面法来分析图 6-4（a）所示螺栓剪切面上的内力。假想沿螺栓剪切面 m—m，将其分为上、下两段，任取一段为研究对象。由平衡条件可知，剪切面内必有与外力 F_P 大小相等、方向相反的内力存在，且内力的作用与外力平行，沿截面作用。这个沿截面作用的内力称为剪力，常用 F_Q 表示。剪力是剪切面上分布内力的合力。

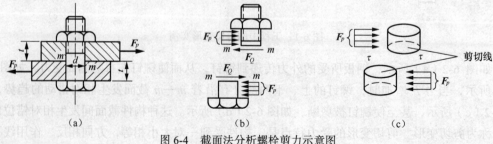

图 6-4　截面法分析螺栓剪力示意图

2. 剪切应力

由于剪力 F_Q 的存在，剪力面上也必然存在切应力 τ，如图 6-4（c）所示。切应力在剪切面上的实际分布规律比较复杂，工程上通常采用建立在实验基础上的"实用计算法"。实用计算法假定切应力在剪切面上是分布均匀的，由此切应力可按下式计算。

$$\tau = \frac{F_Q}{A} \tag{6.1}$$

式中：F_Q——剪切面上的剪力，N；A——剪切面面积，m^2；τ——剪切应力，Pa（帕）。

3. 剪切强度条件

为了保证剪切变形构件在工作时能安全可靠，必须使构件的工作剪切应力小于或等于材料的许用剪切应力，即剪切的强度条件为

$$\tau = \frac{F_Q}{A} \leqslant [\tau] \tag{6.2}$$

式中：$[\tau]$——材料的许用切应力，工程上常用材料的许用切应力可从有关手册中查得。

与轴向拉伸和压缩的强度计算一样，应用剪切强度条件也可以解决剪切变形的 3 类强度问题：校核强度、设计截面和确定许可载荷。

6.2
挤压变形及其实用计算

6.2.1 挤压的概念

构件在受剪切时，常伴随着局部的挤压变形。如图 6-5（a）中的铆钉连接，作用在钢板上的力 F，通过钢板与铆钉的接触面传递给铆钉。当传递的压力增加时，铆钉的侧表面被压溃，或钢板的孔已不再是圆形，如图 6-5（b）所示。这种因在接触表面互相压紧而产生局部压陷的现象称为挤压，构件上发生挤压变形的表面称为挤压面，挤压面位于两构件相互接触而压紧的地方，与外力垂直。图中挤压面为半圆柱面。

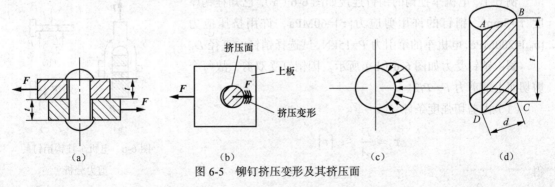

图 6-5 铆钉挤压变形及其挤压面

作用于挤压面上的外力，称为挤压力，以 F_{jy} 表示。单位面积上的挤压力称为挤压应力，以 σ_{jy} 表示。挤压应力与直杆压缩时的压应力不同。挤压应力是分布于两构件相互接触表面的局部区域（实际上是压强），而压应力则是分布在整个构件的内部。

6.2.2 挤压的实用计算

在工程中，挤压破坏会导致连接松动，影响构件的正常工作。因此对剪切构件还必须进行挤压强度计算。

由于挤压应力在挤压面上的分布规律也比较复杂（图 6-5（c）所示为铆钉挤压面上的挤压应力分布情况），因而和剪切一样，工程上对挤压应力同样采用实用计算法，即假定挤压面上的挤压应力也是均匀分布的。则有

$$\sigma_{jy} = \frac{F_{jy}}{A_{jy}} \qquad (6.3)$$

计算挤压面积时，应根据挤压面的形状来确定。当挤压面为平面时，如平键连接，挤压面积等于两构件间的实际接触面积；但当挤压面为曲面时，如螺钉、销钉、铆钉等圆柱形件，接触面为半圆柱面，则挤压面面积应为实际接触面在垂直于挤压力方向的投影面积。如图 6-5（c）所示，挤压面积为 $A_{jy} = dh$，其中 d 为螺栓直径，h 为接触高度。为保证构件的正常工作，要求挤压应力不超过某一许用值，即挤压强度条件为

$$\sigma_{jy} = \frac{F_{jy}}{A_{jy}} \leqslant \left[\sigma_{jy}\right] \qquad (6.4)$$

式（6.4）称为挤压的强度条件。根据此强度条件同样可解决 3 类问题：校核强度、设计截面尺寸及确定许用载荷。工程中常用材料的许用挤压应力可从有关手册中查得。

6.3 | 应用举例

进行剪切和挤压强度计算时，其内力计算较简单，主要是正确判断剪切面积和挤压面积的位置及其相应面积的计算。

例 6-1 电机车挂钩的销钉连接如图 6-6（a），已知挂钩厚度 $t = 8mm$，销钉的许用剪应力 $[\tau] = 60MPa$，许用挤压应力 $[\sigma_{bs}] = 200MPa$，电机车的牵引力 $P = 15kN$，试选择销钉的直径 D。

解：销钉受力如图 6-6（b）所示。因销钉受双剪，故每个剪切面上的剪力 $F_s = P/2$。

（1）由剪切强度条件

$$\tau = \frac{F_s}{A} \leqslant [\tau]$$

得

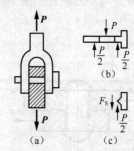

图 6-6 电机车挂钩销钉的
剪力分析

$$D \geqslant \sqrt{\frac{2P}{\pi[\tau]}} = \sqrt{\frac{2 \times 15 \times 10^3}{\pi \times 60 \times 10^3}} \approx 0.013 \text{ m}$$

（2）校核挤压强度。

$$\sigma_{\text{bs}} = \frac{F_{\text{bs}}}{A_{\text{bs}}} = \frac{7500}{8 \times 13} = 72 \text{ MPa} < [\sigma_{\text{bs}}]$$

销钉的直径 D 选 0.013m。

例 6-2 一齿轮传动轴如图 6-7（a）所示。已知 $d = 100$ mm，键宽 $b = 28$ mm，高 $h = 16$ mm，长 $l = 42$ mm，键的许用切应力 $[\tau] = 40$ MPa，许用挤压应力 $[\sigma_{\text{jy}}] = 100$ MPa，键所传递的力偶矩为 $M_0 = 1.5$ kN·m。试校核键的强度。

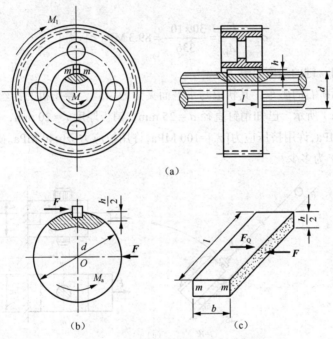

图 6-7 齿轮传动轴及其受力分析

解：（1）键的外力计算。取轴和键为研究对象，如图 6-7（b）所示，设力 F 到轴线的距离为 $\frac{d}{2}$，由平衡方程

$$\sum m_0 = 0, \qquad M_0 - F\frac{d}{2} = 0$$

得

$$F = \frac{2M_0}{d} = \frac{2 \times 1.5}{100 \times 10^{-3}} = 30\text{kN}$$

（2）校核键的强度。沿剪切面 m—m 将键截开，取键的下半部为研究对象，如图 6-7（c）所示，得

$$F_Q = F$$

剪切面面积为

$$A = l \times b = 42 \times 28 = 1176 \text{mm}^2$$

代入式（6.2）得

$$\tau = \frac{F_Q}{A} = \frac{30 \times 10^3}{1176} = 25.5 \text{ MPa} \leqslant [\sigma]$$

（3）校核键的挤压强度。由键的下半部分，如图 6-7（c）所示，可以看出挤压力为

$$F_{\text{jy}} = F = 30 \text{ kN}$$

挤压面面积为

$$A_{\text{jy}} = l \times \frac{h}{2} = 42 \times \frac{16}{2} = 336 \text{ mm}^2$$

代入式（6.4）

$$\sigma_{\text{jy}} = \frac{F_{\text{jy}}}{A_{\text{jy}}} = \frac{30 \times 10^3}{336} = 89.3 \text{ MPa} < [\sigma_{\text{jy}}]$$

计算结果表明，键的强度足够。

例 6-3 运输矿石的矿车，其轨道与水平面夹角为 45°，卷扬机的钢丝绳与矿车通过销钉连接，如图 6-8（a）所示。已知销钉直径 $d = 25$ mm，销板厚度 $t = 20$ mm，宽度 $b = 60$ mm，许用切应力 $[\tau] = 25$ MPa，许用挤压应力 $[\sigma_{\text{jy}}] = 100$ MPa，许用拉应力 $[\sigma] = 40$ MPa。矿车自重 $G = 4.5$ kN。求矿车最大载重 W 为多少？

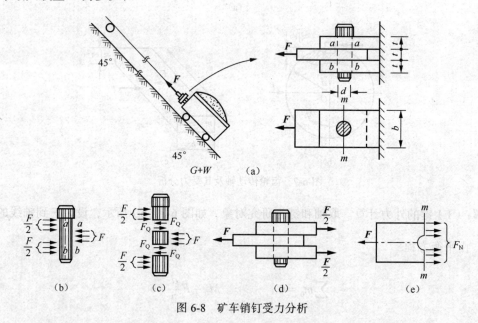

图 6-8 矿车销钉受力分析

解： 矿车运输矿石时，销钉可能被剪断，销钉或销板可能发生挤压破坏，销板可能被拉断。所以应分别考虑销钉连接的剪切强度、挤压强度和销板的拉伸强度。

（1）剪切强度。设钢丝绳作用于销钉连接上的拉力为 F，销钉受力图如图 6-8（b）所示。销钉有两个剪切面，故为双剪。用截面法将销钉沿 a—a 和 b—b 截面截为 3 段，如图 6-8（c）所示，取其中任一部分为研究对象，由平衡条件得

$$F_Q = \frac{F}{2}$$

代入式（6.2）

$$\tau = \frac{F_Q}{A} \leq \frac{F/2}{\pi d^2 / 4} \leq [\tau]$$

得

$$F \leq \frac{\pi d^2 [\tau]}{2} = \frac{3.14 \times 25^2 \times 25}{2} = 24\,531\ \text{N}$$

（2）挤压强度。销钉或销板的挤压面为曲面，挤压面积为挤压面在挤压力方向的投影面积，即

$$A_{jy} = d \times t = 25 \times 20 = 500\ \text{mm}^2$$

销钉的 3 段挤压面积相同，但中间部分挤压力最大，为

$$F_{jy} = F$$

由式（6.4）

$$\sigma_{jy} = \frac{F_{jy}}{A_{jy}} = \frac{F}{dt} \leq [\sigma_{jy}]$$

得

$$F \leq dt[\sigma_{jy}] = 25 \times 20 \times 100 = 50\,000\ \text{N}$$

（3）拉伸强度。从结构的几何尺寸及受力分析可知，中间销板与上下销板几何尺寸相同，但中间销板所受拉力最大。如图 6-8（d）所示。故应对中间销板进行拉伸强度计算。中间销板销钉孔所在截面为危险截面。取中间销板 m—m 截面左段为研究对象，如图 6-8（e）所示，根据平衡条件，m—m 截面上的轴力为

$$F_N = F$$

危险截面面积为

$$A = (b - d)t$$

代入式（6.4）得

$$\sigma = \frac{F_N}{A} = \frac{F}{(b - d)t} \leq [\sigma]$$

因此得

$$F \leq (b - d)t[\sigma] = (60 - 25) \times 20 \times 40 = 28\,000\ \text{N}$$

（4）确定最大载重量。为确保销钉连接能够正常工作，应取上述 3 方面计算结果的最小值，即

$$F_{max} = 24\,531\ \text{N}$$

取矿车为研究对象，由车体沿斜截面的平衡方程

$$F_{max} - (G + W)\sin 45° = 0$$

得

$$W = \frac{F - G\sin 45°}{\sin 45°} = \frac{24\,531 - 4.5 \times 10^3 \times \sin 45°}{\sin 45°} = 30\,200\,\text{N}$$

所以，求得矿车的最大载重量为 30 200 N。

例 6-4 冲床的冲模如图 6-9 所示。已知冲床的最大冲力为 400kN，冲头材料的许用拉应力为 $[\sigma] = 440$ MPa，被冲剪钢板的剪切强度极限 $\tau_\text{b} = 360$ MPa。试求在最大冲力下所能冲剪的圆孔最小直径 d 和板的最大厚度 t。

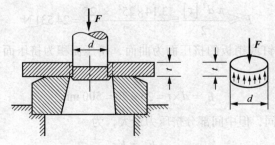

图 6-9　冲床冲横受力分析

解：（1）确定圆孔的最小直径。冲剪的孔径等于冲头的直径，冲头工作时须满足抗压强度条件，即

$$\sigma = \frac{F}{A} = \frac{F}{\pi d^2 / 4} \leqslant [\sigma]$$

解得

$$d \geqslant \sqrt{\frac{4F}{\pi[\sigma]}} = \sqrt{\frac{4 \times 400 \times 10^3}{\pi \times 440}} = 34\,\text{mm}$$

（2）确定冲头能冲剪的钢板最大厚度。冲头冲剪钢板时，剪力为 $F_Q = F$，剪切面为圆柱面，其面积 $A = \pi dt$，只有当切应力 $\tau \geqslant \tau_\text{b}$ 时，方可冲出圆孔，即

$$\tau = \frac{F_Q}{A} = \frac{F}{\pi dt} \geqslant \tau_\text{b}$$

解得

$$t \leqslant \frac{F}{\pi d \tau_\text{b}} = \frac{400 \times 10^3}{\pi \times 34 \times 360} = 10.4\,\text{mm}$$

故钢板的最大厚度约为 10mm。

本章小结

本章介绍了剪切构件的受力和变形特点，剪切构件可能的破坏形式及螺钉、键等常见连接件的剪切和挤压的实用计算。

1. 基本概念

（1）剪切面：构件产生剪切变形时，发生相对错动的截面。

（2）剪切变形的受力特点：构件受到一对大小相等、方向相反、作用线平行且相距很近的外力作用。

（3）剪切的变形特点：在一对外力作用线之间的截面发生相对错动。

（4）剪力：剪切面内与外力大小相等、方向相反、作用与外力平行且沿截面作用的内力称为剪力，常用 F_Q 表示。

（5）挤压：因在接触表面互相压紧而产生局部压陷的现象称为挤压。构件上发生挤压变形的表面称为挤压面。

（6）挤压力：作用于挤压面上的外力，称为挤压力，以 F_{jy} 表示。

（7）挤压应力：单位面积上的挤压力称为挤压应力，以 σ_{jy} 表示。

2. 相关计算公式及强度条件

（1）剪切应力：$\tau = \dfrac{F_Q}{A}$。

（2）挤压应力的计算：$\sigma_{jy} = \dfrac{F_{jy}}{A_{jy}}$

（3）挤压面积的计算：当挤压面为平面时，挤压面积等于两构件间的实际接触面积；当挤压面为曲面时，如接触面为半圆柱面，挤压面面积应为实际接触面在垂直于挤压力方向的投影面积。

（4）剪切强度条件：$\tau = \dfrac{F_Q}{A} \leqslant [\tau]$。

（5）挤压强度条件：$\sigma_{jy} = \dfrac{F_{jy}}{A_{jy}} \leqslant [\sigma_{jy}]$

思考与练习

6.1 挤压面面积是否与两构件的接触面积相同？试举例说明。

6.2 图示螺栓受拉力 P 作用，其材料的许用切应力 $[\tau]$ 和许用拉应力 $[\sigma_l]$ 的关系为 $[\tau] = 0.6[\sigma_l]$。试求螺栓直径 d 和螺栓头高度 h 的合理比例。

6.3 如图所示，拖车的挂钩靠插销连接，拖车的拉力 $F = 18\text{kN}$，挂钩厚度 $t = 10\text{mm}$，销的许用切应力 $[\tau] = 60\text{MPa}$，许用挤压应力 $[\sigma_{jy}] = 100\text{MPa}$。试确定插销的直径 d。

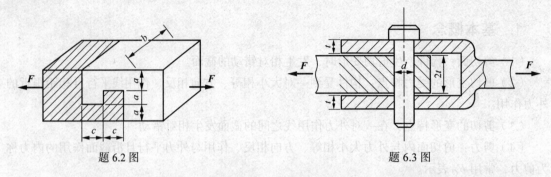

题 6.2 图   题 6.3 图

6.4   一螺栓将拉杆与厚度为 8 mm 的两块盖板相连接，如题 6.4 图所示。各零件材料相同，许用拉应力均为$[\sigma] = 80$ MPa，$[\tau] = 60$ MPa，$[\sigma_{jy}] = 160$ MPa。若拉杆的厚度 $t = 15$ mm，拉力 $F = 120$kN，试设计螺栓直径 d 及拉杆宽度 b。

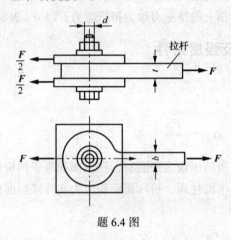

题 6.4 图

6.5   冲床的最大冲力 $F = 300$kN，钢板的厚度 $t = 2$mm，钢板的剪切强度极限 $\tau_b = 360$MPa，要求冲出 $R = 20$mm 的半圆孔，试分析能否完成冲孔工作。

第7章

扭转

在日常生活和工程实际中，经常遇到扭转问题。如图 7-1（a）所示电动机的传动轴，在其两端垂直于杆件轴线的平面内，作用一对大小相等、方向相反的力矩。在上述力矩作用下，传动轴产生图 7-1（b）所示的转动。又如钻探机的钻头，如图 7-2（a）所示、汽车方向盘操纵杆，如图 7-2（b）所示、螺丝刀杆等的受力都是扭转的实例。

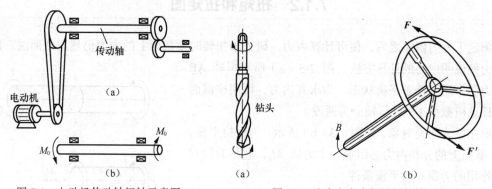

图 7-1　电动机传动轴扭转示意图　　　　图 7-2　汽车方向盘操纵杆扭转示意图

由此可见，杆件扭转时的受力特点是，在杆件两端分别作用着大小相等，转向相反，作用面垂直于杆件轴线的力偶。其变形特点是，位于两力偶作用面之间的杆件各个截面均绕轴线发生相对转动，任意两截面间相对转过的角度称为转角。杆件的这种变形形式称为扭转变形。以扭转变形为主的杆件称为轴，截面为圆形的轴称为圆轴。本章主要讨论圆轴的扭转问题，包括轴的内力、应力与变形，并在此基础上讨论轴的强度与刚度计算。

7.1 外力偶矩、扭矩和扭矩图

7.1.1 外力偶矩的计算

工程实际中，往往不直接给出轴所承受的外力偶矩（又称转矩），而是给出它所传递的功率和转速，其相互间的关系为

$$M = 9550 \frac{P}{n} \tag{7.1}$$

式中：M——作用在轴上的外力偶矩，N·m；P——轴所传递的功率，kW；n——轴的转速，r/min。

7.1.2 扭矩和扭矩图

确定了外力偶矩之后，便可计算内力。研究轴扭转时横截面上的内力仍然用截面法。以传动轴为例说明内力的计算方法。图 7-3（a）所示圆轴 AB 在外力偶作用下处于平衡状态，为求其内力，可用横截面法在任意横截面 1-1 处将轴分为两段。

取左段为研究对象，如图 7-3（b）所示，为保持平衡，1—1 截面上的分布内力必组成一个力偶 M_n，它是右段对左段作用的力偶。由平衡条件

$$\sum M_x = 0, \qquad M_n - T = 0$$

得 $$M_n = T$$

M_n 是横截面上的内力偶矩，称为扭矩。如取右段为研究对象，如图 7-3（c）所示，则求得 1—1 截面的扭矩将与上述扭矩大小相等，转向相反。

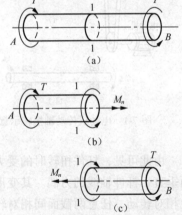

图 7-3　截面法分析扭矩示意图

为使上述两种方法在同一截面上所得扭矩正负号一致，现做如下规定：按右手螺旋法则，将扭矩用矢量（双箭头）表示，其指向离开截面者为正扭矩，反之为负扭矩。按此规定，图 7-3（b）、（c）所示扭矩均为正值。

在一般情况下，轴内各横截面的扭转不尽相同。为了形象地表示扭矩沿轴线的变化情况，亦可采用图线表示。表示扭矩沿轴线变化情况的图线，称为扭矩图。作图时，以平行于轴线的坐标表示横截面的位置，垂直于轴线的另一坐标表示扭矩。下面举例说明扭矩的画法。

例 7-1　图 7-4（a）所示轴，已知转速 $n = 995$ r/min，功率由主动轮 B 输入，$P_B = 100$ kW，通过从动轮 A、C 输出，$P_A = 40$ kW，$P_C = 60$ kW，求轴的扭矩。

解：（1）外力偶矩计算。由式（7.1）得

$$T_B = 9550 \frac{P_B}{n} = 9550 \times \frac{100}{955} = 1000 \text{ N·m}$$

$$T_A = 9550 \frac{P_A}{n} = 9550 \times \frac{40}{955} = 400 \text{ N·m}$$

$$T_C = 9550 \frac{P_C}{n} = 9550 \times \frac{60}{955} = 600 \text{ N·m}$$

式中：T_B——主动力偶矩，与轴转向相同，N·m；T_A、T_C——阻力偶矩，与轴转向相反，N·m。如图 7-4（b）所示。

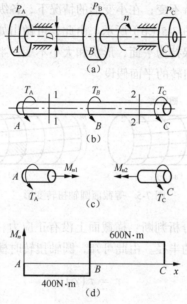

图 7-4 轴的扭矩分析及扭矩图

（2）扭矩计算。用截面法分别计算 AB 和 BC 段的扭矩（按正向假设，如图 7-4（c）所示）。

由平衡条件 $\sum M_x = 0$，可得

$$M_{n1} = -T_A = -400 \text{ N·m}, \qquad M_{n2} = T_C = 600 \text{ N·m}$$

式中，负号表示扭矩的转向与假设相反。

（3）作扭矩图。与轴力图相同，将扭矩沿轴线的变化规律用图 7-4（d）表示，从图中可以看出，危险截面在 BC 段。

7.2

圆轴扭转时的应力与强度条件

本节讨论等直圆轴受扭时横截面上的应力。这要综合研究几何、物理和静力 3 个方面的关系。

7.2.1 圆轴扭转时横截面上的应力

1. 几何关系

为了研究圆轴的扭转应力，首先通过试验观察其变形。取一等截面圆轴，并在其表面等间距地画上纵向线和圆周线，如图 7-5（a）所示，然后在轴两端施加一对大小相等、方向相反的力偶矩，使轴发生扭转变形。从试验中观察到各圆周线绕轴线相对地旋转了一个角度，但大小、形状和相邻两周线间的距离保持不变；在小变形的情况下，各纵向线仍近似地是一条直线，只是倾斜了一个微小的角度，如图 7-5（b）所示。由此，可做出如下基本假设：圆轴扭转变形前原为平面的横截面，变形后仍保持为平面，形状和大小不变，半径仍保持为直线；且相邻两截面间的距离不变。这就是圆轴扭转的平面假设。

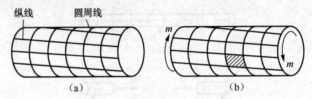

图 7-5 等截面圆轴扭转变形

根据上述平面假设，可以分析判断：横截面上没有正应力，只有切应力，且切应力具有旋转对称性——均垂直于圆截面的半径。由此可知，圆轴扭转时横截面上的切应力为

$$\tau = \tau(\rho)$$

从图 7-5 所示圆轴中取出两个横截面分别为 p—p、q—q 相距为 dx 的微段，如图 7-6（a）所示，再从此微段中取出一半径为 ρ 的圆柱体，如图 7-6（b）所示，若 q—q 截面相对于 p—p 截面转角为 dφ，称为扭转角，则根据平面假设，横截面 q—q 像刚性平面一样，相对于 p—p 绕轴线旋转了一个角度 dφ，半径 Oa 转到了 Oa'。于是，表面方格 $abcd$ 的 ab 边相对于 cd 边发生了微小的错动，错动的距离是

$$aa' = R\mathrm{d}\phi$$

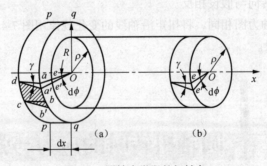

图 7-6 圆轴中微段的扭转角

因而引起原为直角的 $\angle abc$ 角度发生改变，改变量为

$$\gamma = \frac{\overline{aa'}}{\overline{ad}} = R\frac{\mathrm{d}\varphi}{\mathrm{d}x} \tag{7.2}$$

这就是圆截面边缘上 a 点的剪应变。显然，剪应变 γ 发生在垂直于半径 Oa 的平面内。

根据变形后横截面仍为平面，半径仍为直线的假设，用相同的方法，并参考图 7-6（b），可以求得距圆心为 ρ 处的剪应变为

$$\gamma_\rho = \rho\frac{\mathrm{d}\varphi}{\mathrm{d}x} \tag{7.3}$$

与式（7.2）中的 γ 一样，γ_ρ 也发生在垂直于半径 Oa 的平面内。在（7.2）、（7.3）两式中，$\dfrac{\mathrm{d}\varphi}{\mathrm{d}x}$ 是扭转角 φ 沿 x 轴的变化率，称为单位长度扭转角，用符号 Φ 表示，对于一个给定的截面来说，它是常量。故式（7.3）表明，横截面上任意点的剪应变均与该点到圆心的距离 ρ 成正比。

2. 物理关系

在弹性范围内，切应力与切应变服从胡克定律，所以

$$\tau_\rho = G\gamma_\rho = G\cdot\rho\frac{\mathrm{d}\varphi}{\mathrm{d}x} = G\Phi\rho \tag{7.4}$$

这表明，横截面上切应力与半径成正比，方向垂直于半径，切应力分布如图 7-7（a）所示。

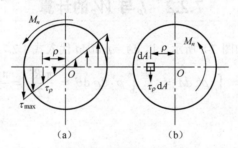

图 7-7　圆轴扭转时横截面上切应力分布图

3. 静力学关系

如图 7-7(b)所示，在距圆心 ρ 处的微面积 $\mathrm{d}A$ 上，内力 $\tau_\rho\,\mathrm{d}A$ 对圆心的微力矩为 $(\tau_\rho\,\mathrm{d}A)\cdot\rho$。在整个截面上，所有微力矩之和应等于扭矩 M_n，即

$$M_n = \int_A \rho\cdot\tau_\rho\,\mathrm{d}A \tag{7.5}$$

式中：A——横截面面积。

将式（7.4）代入上式得

$$M_n = G\Phi\int_A \rho^2\,\mathrm{d}A \tag{7.6}$$

积分 $\displaystyle\int_A \rho^2\,\mathrm{d}A$ 只与截面尺寸有关，称为截面的极惯性矩，用 I_p 表示，即

$$I_p = \int_A \rho^2\,\mathrm{d}A \tag{7.7}$$

于是式（7.6）可写成

$$\Phi = \frac{\mathrm{d}\varphi}{\mathrm{d}x} = \frac{M_n}{GI_p} \qquad (7.8)$$

将式（7.8）代入式（7.4）得

$$\tau_\rho = \frac{M_n \rho}{I_p} \qquad (7.9)$$

式（7.9）为圆轴扭转时横截面上的切应力计算公式，对于空心圆轴同样适用。当 ρ 等于横截面半径 R 时（即圆截面边缘各点），切应力将达到最大值，即

$$\tau_{\max} = \frac{M_n R}{I_p} = \frac{M_n}{I_p / R}$$

在上式中令

$$W_p = I_p / R \qquad (7.10)$$

则有

$$\tau_{\max} = \frac{M_n}{W_p} \qquad (7.11)$$

式中：W_p——抗扭截面系数，单位为 m^3。

7.2.2 I_p 与 W_p 的计算

在实心轴的情况下，如图 7-8 所示，以 $\mathrm{d}A = \rho\,\mathrm{d}\theta\mathrm{d}\rho$ 代入式（7.7）得

$$I_p = \int_A \rho^2\,\mathrm{d}A = \int_0^{2\pi}\int_0^R \rho^3\,\mathrm{d}\rho\,\mathrm{d}\theta = \frac{\pi R^4}{2} = \frac{\pi D^4}{32} \qquad (7.12)$$

式中：D——圆截面的直径。

再由式（7.10）求出

$$W_p = \frac{I_p}{R} = \frac{\pi R^3}{2} = \frac{\pi D^3}{16} \qquad (7.13)$$

在空心圆轴的情况下，如图 7-9 所示，由于截面的空心部分没有内力，所以两者的定积分也不包括空心部分，于是

$$I_p = \int_A \rho^2\,\mathrm{d}A = \int_0^{2\pi}\int_{d/2}^{D/2} \rho^3\,\mathrm{d}\rho\,\mathrm{d}\theta = \frac{\pi}{32}\left(D^4 - d^4\right) = \frac{\pi D^4}{32}\left(1 - \alpha^4\right) \qquad (7.14)$$

$$W_p = \frac{I_p}{R} = \frac{\pi}{16D}\left(D^4 - d^4\right) = \frac{\pi D^3}{16}\left(1 - \alpha^4\right) \qquad (7.15)$$

式中：D 和 d——空心圆截面的外径和内径；R——外半径；$\alpha = d/D$。

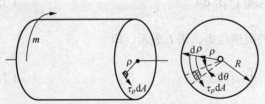

图 7-8　实心轴横截面上极惯性矩的计算

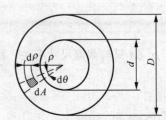

图 7-9　空心轴横截面上极惯性矩的计算

7.2.3 圆轴扭转的强度条件

为了保证扭转时的强度，必须使最大切应力不超过许用切应力$[\tau]$。在等直圆轴的情况下，$\tau_{\max}$发生在$|M_n|_{\max}$所在截面的周边各点处，其强度条件为

$$\tau_{\max} = \frac{|M_n|_{\max}}{W_P} \leqslant [\tau] \qquad (7.16)$$

在阶梯的情况下，因为各段的W_P不同，$\tau_{\max}$不一定发生在$|M_n|_{\max}$所在截面上，必须综合考虑W_p和M_n这两个因素来确定，其强度条件为

$$\tau_{\max} = \left(\frac{M_n}{W_p}\right)_{\max} \leqslant [\tau] \qquad (7.17)$$

许用切应力$[\tau]$通过试验并考虑安全因素后确定。

例7-2 由无缝钢管制成的汽车传动轴AB，如图7-10所示，外径D= 90 mm，壁厚t=2.5 mm，材料为45号钢。使用时的最大扭矩为M_T =1.5 kN·m。如材料的$[\tau]$= 60 MPa，试校核AB轴的扭转强度。

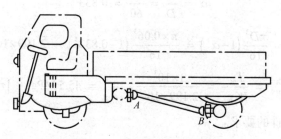

图7-10 汽车传动轴的扭转

解：由AB轴的截面尺寸计算抗扭截面模量，即

$$\alpha = \frac{d}{D} = \frac{90 - 2 \times 2.5}{90} = 0.944$$

$$W_P = \frac{\pi D^3}{16}(1 - \alpha^4) = \frac{\pi \times 90^3}{16}(1 - 0.944^4) = 29\,400\ \text{mm}^3$$

轴的最大切应力为

$$\tau_{\max} = \frac{M_n}{W_P} = \frac{1500}{29\,400 \times 10^{-9}} = 51 \times 10^6\ \text{Pa} = 51\ \text{MPa} < [\tau]$$

所以，AB轴满足强度条件。

例7-3 图7-11（a）所示阶梯形圆轴，AB段为实心部分，直径d_1= 40 mm，BC段为空心部分，内径d = 50 mm，外径D = 60 mm。扭转力偶矩为M_A=0.8 kN·m，M_B= 1.8 kN·m，M_C= 1 kN·m。已知材料的许用切应力为$[\tau]$ = 80 MPa，试校核轴的强度。

解：用截面法求出AB、BC段的扭矩，并绘出扭矩图如图7-11（b）所示。由扭矩图可见，轴BC段扭矩比AB段大，但两段轴的直径不同，因此需分别校核两段轴的强度。

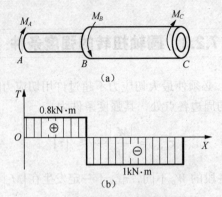

图 7-11　阶梯圆轴的扭矩及扭矩图

AB 段

$$\tau_{\max}^{AB} = \frac{T_{AB}}{W_{pAB}} = \frac{0.8 \times 10^3}{\dfrac{\pi}{16} \times 0.04^3} \times 10^{-6} = 63.7\,\text{MPa} < [\tau]$$

BC 段

$$\alpha = \frac{d}{D} = \frac{50}{60} = 0.833$$

$$W_{pBC} = \frac{\pi D^3}{16}\left(1-\alpha^4\right) = \frac{\pi \times 0.06^3}{16}\left(1-0.833^4\right) = 2.199 \times 10^{-5}\,\text{m}^3$$

$$\tau_{\max}^{BC} = \frac{T_{BC}}{W_{pBC}} = \frac{1 \times 10^3}{2.199 \times 10^{-5}} \times 10^{-6} = 45.5\,\text{MPa} < [\tau]$$

因此，该轴满足强度条件的要求。

7.2.4　圆轴扭转时的变形与刚度条件

1. 圆轴的扭转变形

　　圆轴的扭转变形是用两截面间的相对扭转角 φ 来度量的，由式（7.8）即可求得长为 l 的圆轴扭转角的计算公式

$$\varphi = \int_l \mathrm{d}\varphi = \int_0^l \frac{M_n}{GI_p}\,\mathrm{d}x$$

对于等截面圆轴，若只在两段受外力偶作用，由于 M_n、GI_p 均为常量，于是上式积分后得

$$\varphi = \frac{M_n l}{G I_p} \qquad\qquad (7.18)$$

式中：φ——，rad；GI_p——截面的抗扭刚度，GI_p 越大，φ 就越小。

　　对于阶梯轴，或扭转分段变化的情况，则应分段计算相对扭转角，再求其代数和。

2. 刚度条件

　　为了防止因过大的扭转变形而影响机器的正常工作，必须对某些圆轴的扭转角加以限

制。工程上，通常是限制圆轴单位长度扭转角 Φ，使其不超过某一规定的许用值 $[\Phi]$，即刚度条件为

$$\Phi = \frac{\varphi}{l} = \frac{M_n}{G I_p}(\text{rad/m}) \leqslant [\Phi]$$

式中：$[\Phi]$——单位长度许用扭转角，$°/\text{m}$（度/米）。故需把上式的弧度换算为度，即

$$\Phi = \frac{M_n}{G I_p} \times \frac{180}{\pi} \leqslant [\Phi] \qquad (°/\text{m}) \tag{7.19}$$

单位长度许用扭转角 $[\Phi]$ 是根据载荷性质及圆轴的使用要求来规定的。精密机器的轴，$[\Phi]=0.25\sim0.5°/\text{m}$；一般传动轴，$[\Phi]=0.5\sim1.0°/\text{m}$；要求较低的轴，$[\Phi]=1.0\sim2.5°/\text{m}$。具体数值可通过查相关机械设计手册得到。

例 7-4 一阶梯轴计算简图如图 7-12 所示，已知许用切应力 $[\tau] = 60\ \text{MPa}$，$D_1 = 22\ \text{mm}$，$D_2 = 18\ \text{mm}$，材料的切变模量 $G = 80\ \text{GPa}$，$l = 1\text{m}$，试计算此阶梯轴在许可外力偶作用下，AC 两端的相对扭转角。

解：（1）作扭矩图。如图 7-12（b）所示，虽然 BC 段扭矩比 AB 段小，但其直径也比 AB 段小，因此两段轴的强度都必须考虑。

（2）强度计算。

AB 段
$$\tau_{\max 1} = \frac{M_{n1}}{W_{p1}} = \frac{2T}{\dfrac{\pi D_1^3}{16}} \leqslant [\tau]$$

$$T \leqslant [\tau] \cdot \frac{\pi D_1^3}{32} = 60 \times 10^6 \times \frac{\pi \times (22 \times 10^{-3})^3}{32} = 62.7\ \text{N} \cdot \text{m}$$

BC 段
$$\tau_{\max 2} = \frac{M_{n2}}{W_{p2}} = \frac{T}{\dfrac{\pi D_2^3}{16}} \leqslant [\tau]$$

$$T \leqslant [\tau] \cdot \frac{\pi D_2^3}{16} = 60 \times 10^6 \times \frac{\pi \times (18 \times 10^{-3})^3}{16} = 68.7\ \text{N} \cdot \text{m}$$

故许可外力偶矩 $T = 62.7\ \text{N} \cdot \text{m}$。

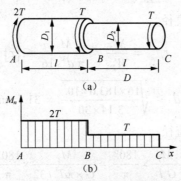

图 7-12 阶梯轴的扭矩及扭矩图

（3）计算相对扭转角。因为 M_n 和 I_p 沿轴线变化，因此扭转角需分段计算，再求其代数和，由式（7.18）得

$$\varphi_{CA} = \varphi_{BA} + \varphi_{CB} = \frac{M_{n1}\,l}{G\,I_{p1}} + \frac{M_{n2}\,l}{G\,I_{p2}}$$

将 $M_{n1} = 2T = 2 \times 62.7\,\text{N} \cdot \text{m}$，$M_{n2} = T = 62.7\,\text{N} \cdot \text{m}$，$I_p = \pi D^4/32$ 代入上式得

$$\varphi_{CA} = \frac{2 \times 62.7 \times 1}{80 \times 10^9 \times \dfrac{\pi\left(22 \times 10^{-3}\right)^4}{32}} + \frac{62.7 \times 1}{80 \times 10^9 \times \dfrac{\pi\left(18 \times 10^{-3}\right)^4}{32}}$$

$$= 0.0682 + 0.0761 = 0.1443 \ \text{rad}$$

扭转角 φ_{CA} 转向与扭矩方向一致。

例 7-5 一传动轴如图 7-13 所示，已知轴的转速 $n = 208$ r/min，主动轮 A 传递功率为 $P_A = 6$ kW，而从动轮 B、C 输出功率分别为 $P_B = 4$ kW，$P_C = 2$ kW，轴的许用切应力 $[\tau] = 30$ MPa，许用单位扭转角 $[\theta] = 1°$/m，剪切弹性模量 $G = 80 \times 10^3$ MPa。试按强度条件及刚度条件设计轴的直径。

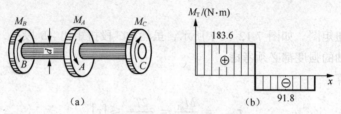

图 7-13 传动轴的扭矩及扭矩图

解：（1）计算轴的外力矩。

$$M_A = 9550\frac{P_A}{n} = 9550 \times \frac{6}{208} = 275.4\,\text{N} \cdot \text{m}$$

$$M_B = 9550\frac{P_B}{n} = 9550 \times \frac{4}{208} = 183.6\,\text{N} \cdot \text{m}$$

$$M_C = 9550\frac{P_C}{n} = 9550 \times \frac{2}{208} = 91.8\,\text{N} \cdot \text{m}$$

（2）画扭矩图。根据扭矩图的绘制方法画出轴的扭矩图，如图 7-13（b）所示。最大扭矩为

$$M_{T,\max} = M_{T,AB} = 183.6\,\text{N} \cdot \text{m}$$

（3）按强度条件设计轴的直径。

$$\tau_{\max} = \frac{M_T}{W_T} = \frac{M_T}{\pi\,d^3/16} \leqslant [\tau]$$

即

$$d \geqslant \sqrt[3]{\frac{16 \times 183.6 \times 10^3}{3.14 \times 30}} = 31.5 \ \text{mm}$$

（4）按刚度条件设计轴的直径。

$$\theta_{\max} = \frac{M_T}{G\,I_p} \times \frac{180°}{\pi} = \frac{M_T}{G \times \pi d^4/32} \times \frac{180°}{\pi} \leqslant [\theta]$$

即

$$d \geqslant \sqrt[3]{\frac{32 M_{T,\max} \times 180°}{G\,\pi^2\,[\theta]}} = \sqrt[3]{\frac{32 \times 183.6 \times 180°}{80 \times 10^3 \times 10^6 \times 3.14^2 \times 1}} = 34 \ \text{mm}$$

为了满足刚度和强度的要求，应取两个直径中的较大值，即取轴的直径 $d = 34$ mm。

本章小结

本章首先讨论了圆轴扭转时的内力——扭矩及扭矩图，然后介绍了圆轴扭转时的应力和变形，圆轴扭转时的强度和刚度计算，同时也简单介绍了非圆轴扭转时的切应力。

1. 基本概念

（1）扭转的受力特点：在杆件两端分别作用着大小相等，转向相反，作用面垂直于杆件轴线的力偶。

（2）扭转变形特点：位于两力偶作用面之间的杆件各个截面均绕轴线发生相对转动。任意两截面间相对转过的角度称为转角。

（3）扭矩：同一截面上与外力偶大小相等，转向相反的横截面上的内力偶矩，称为扭矩。

（4）扭矩图：表示扭矩沿轴线变化情况的图线，称为扭矩图。

2. 相关计算公式、强度条件及刚度条件

（1）外力偶矩的计算：$M = 9550 \dfrac{P}{n}$。

（2）圆轴扭转的切应力计算：$\tau_\rho = \dfrac{M_n \rho}{I_p}$。

（3）单位长度扭转角：$\dfrac{\mathrm{d}\varphi}{\mathrm{d}x}$　扭转角 φ 沿 x 轴的变化率。

（4）圆轴扭转角的计算公式：$\phi = \displaystyle\int_l \mathrm{d}\phi = \int_0^l \dfrac{M_n}{GI_p}\,\mathrm{d}x = \dfrac{M_n l}{G I_p}$。

（5）圆轴扭转的强度条件：$\tau_{\max} = \dfrac{|M_n|_{\max}}{W_p} \leqslant [\tau]$。

（6）刚度条件：$\varPhi = \dfrac{\phi}{l} = \dfrac{M_n}{G I_p}\,(\mathrm{rad/m}) = \dfrac{M_n}{G I_p} \times \dfrac{180}{\pi}\,(°/\mathrm{m}) \leqslant [\varPhi]$

思考与练习

7.1　试绘制图示圆轴的扭矩图，并说明 3 个轮子应如何布置才比较合理。

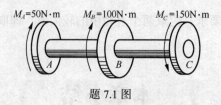

题 7.1 图

7.2 变速箱中,为什么低速轴的直径比高速轴的直径大?

7.3 当圆轴扭转强度不够时,可采取哪些措施?

7.4 求图示各轴上Ⅰ—Ⅰ、Ⅱ—Ⅱ、Ⅲ—Ⅲ截面上的扭矩,并画出扭矩图。

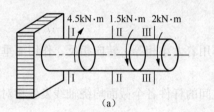
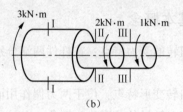

题 7.4 图

7.5 图示传动轴转速 $n = 250$ r/min,主动轮输入功率 $P_B = 7$ kW,从动轮 A、B、D 分别输出功率为 $P_A = 3$ kW,$P_C = 2.5$ kW,$P_D = 1.5$ kW,试画出该轴的扭矩图。

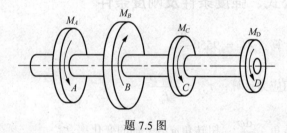

题 7.5 图

7.6 一根直径 $d = 50$ mm 的圆轴,受到扭矩 $M_T = 2.5$ kN·m 的作用,试求出距圆心 10 mm 处点的切应力及轴横截面上的最大切应力。

7.7 图示为一根船用推进器的轴,其一段是实心的,直径为 280mm;另一段是空心的,其内径为外径的一半。在两段产生相同的最大切应力的条件下,求空心轴的外径 D。

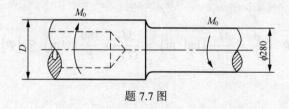

题 7.7 图

7.8 实心轴截面上的扭矩 $M = 5$ kN·m;轴的许用切应力 $[\tau] = 50$ MPa,试设计轴的直径 d_1。若将轴改为空心轴,而内外直径之比 $d/D = 0.8$,试设计截面尺寸,并比较空心圆轴与实心圆轴的用料。

7.9 一实心圆轴与 4 个圆盘刚性连接,置于光滑的轴承中,如题 7.9 图所示。设 $M_A = M_B = 0.25$ kN·m,$M_C = 1$ kN·m,$M_D = 0.5$ kN·m,圆轴材料的许用切应力 $[\tau] = 20$ MPa。试按扭转强度条件计算该轴的直径。

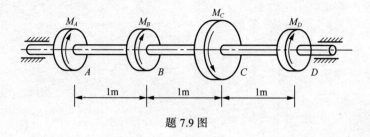

题 7.9 图

7.10　图示的绞车同时有两人操作，若每人加在手柄上的力都是 $F=200\ \text{N}$，已知轴的许用切应力$[\tau]=40\ \text{MPa}$。试按照强度条件初步估算 AB 轴的直径，并确定最大起重量 W。

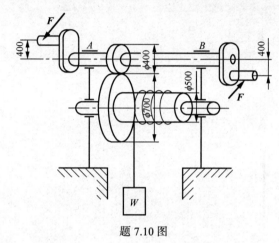

题 7.10 图

7.11　阶梯形圆轴的直径分别为 $d_1=4\ \text{cm}$，$d_2=7\text{cm}$，轴上装有 3 个皮带轮，如题 7.11 图所示。已知由轮 3 输入的功率为 $P_3=30\ \text{kW}$，轮 1 输入的功率为 $P_1=13\ \text{kW}$，轴做匀速转动，转速 $n=200\text{r/min}$，材料的$[\tau]=60\ \text{MPa}$，$G=80\ \text{GPa}$，许用单位扭转角$[\theta]=2°/\text{m}$。试校核轴的强度和刚度。

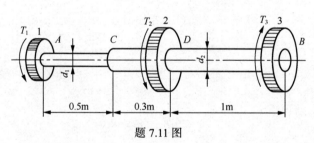

题 7.11 图

第8章

平面弯曲内力

在工程实际中，经常遇到受力而发生弯曲变形的杆件。如图 8-1（a）所示的桥式起重机大梁；图 8-2（a）所示的矿车轮轴；再如图 8-3（a）所示的变速箱中的齿轮轴等。这些杆件受力的共同特点是，外力是垂直于杆的轴线，或外力偶作用面垂直于横截面。它们的变形特点是，杆轴线弯成一条曲线，这种变形称为弯曲。以弯曲变形为主的杆件常称为梁。本章介绍平面弯曲的概念和梁的计算简图，着重讨论梁的内力，即剪力和弯矩、剪力方程和弯矩方程、剪力图和弯矩图，并进一步介绍载荷集度、剪力和弯矩间的微分关系及其在剪力图、弯矩图中的作用。

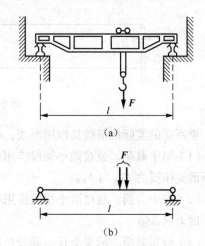

图 8-1 桥式起重机大梁的弯曲变形

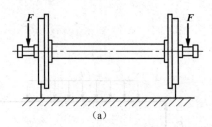

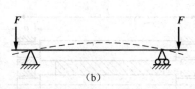

图 8-2 矿车轴轮的弯曲变形

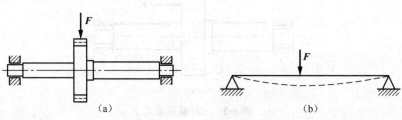

图 8-3 变速箱齿轮的弯曲变形

8.1 梁的分类与载荷的分类

通常用轴线代替实际梁,取两个支承中线间的距离作为梁的长度 l,称为跨度,如图 8-1(b)、图 8-2(b)、图 8-3(b)所示。工程中常见到的梁有以下 3 种基本形式。

(1)简支梁。梁的一端为固定铰支座,另一端为活动铰支座,如图 8-4(a)所示。

(2)外伸梁。梁的一端或两端向外伸出简支梁,如图 8-4(b)所示。

(3)悬臂梁。梁的一端为固定端,另一端为自由端,如图 8-4(c)所示。

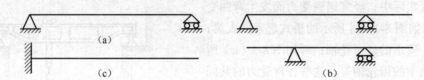

图 8-4 三种基本形式的梁

梁所受的实际载荷按其作用形式,有集中载荷、集中力偶及分布载荷 3 种:

(1)集中载荷。通过微小梁段作用在梁上的横向力。例如图 8-5(a)所示作用在辊轴两端轴承的支座反力 F_{RA} 与 F_{RB}。

(2)集中力偶。通过微小梁段作用在梁轴平面内的外力偶。例如图 8-5(b)所示作用在齿轮上的力偶 M_0。

(3)分布载荷。沿梁全长或部分长度连续分布的横向力。例如图 8-5(c)所示作用在辊轴上的压轧力。

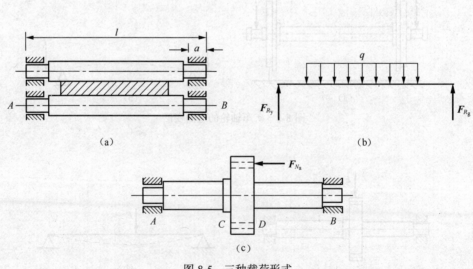

图 8-5 三种载荷形式

8.2 | 弯曲时横截面上的内力——剪力和弯矩

当梁的外力（包括载荷和支反力）已知后，就可以利用截面法确定梁的内力。如图 8-6（a）所示的简支梁受横向力作用，设两端支反力分别为 F_{Ay} 和 F_{By}，为求梁的内力，现假想沿横截面 m—m 将梁截开，取左段为研究对象，如图 8-6（b）所示。为了分析 m—m 截面的内力，可将作用在左段上的外力向截面形心 C 简化，得到一个方向与截面平行的主矢和主矩；为了保持左段的平衡，m—m 截面必然存在两个内力分量。

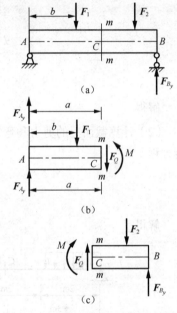

（1）一个内力分量与竖直方向的外力平衡，其作用线平行于外力，通过截面形心并与梁的轴线垂直，该内力沿横截面作用，称为剪力 F_Q。

（2）另一个内力分量与外力对截面形心的力矩平衡，其作用平面与梁的纵向对称面重合，该内力偶矩称为弯矩 M。

根据左段的平衡条件可求得剪力 F_Q 和弯矩 M

$$\sum F_x = 0, \qquad F_Q = F_{Ay} - F_1$$

$$\sum M_C = 0, \qquad M = F_{Ay}a - F_1(a-b)$$

即剪力 F_Q 等于左段梁上外力的代数和；弯矩 M 等于左段梁上外力对截面形心力矩的代数和。

图 8-6　梁弯曲时横截面上的内力分析

同样，若取右段为研究对象，如图 8-6（c）所示，则右段截面 m—m 也同时存在一个剪力 $F_{Q'}$ 和一个弯矩 M'。根据作用与反作用原理，剪力的大小相等（$F_Q = F_Q'$），指向相反；弯矩的大小相等（$M = M'$），转向相反。

为了使上述两种算法所得同一截面上的内力正负号相同，根据梁的变形，对内力的正负号做如下规定。

在所截截面的内侧取微段，凡使微段产生顺时针转动趋势的剪力为正，如图 8-7（a）所示，反之为负，如图 8-7（b）所示。使微段弯曲变形后，凹面朝上的弯矩为正，如图 8-7（c）所示，反之为负，如图 8-7（d）所示。

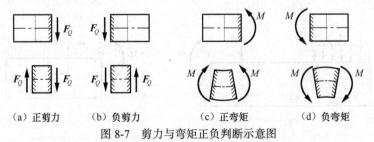

（a）正剪力　　（b）负剪力　　　　（c）正弯矩　　　　（d）负弯矩

图 8-7　剪力与弯矩正负判断示意图

综上所述，可将计算剪力与弯矩的方法概括如下。

（1）在需求内力和横截面处，假想地将梁切开，并任选一段为研究对象。

（2）画所选梁段的受力图，图中，剪力 F_Q 和弯矩 M 可假设为正。

（3）由平衡方程 $\sum F_x=0$ 计算剪力 F_Q。

（4）由平衡方程 $\sum M_C=0$ 计算弯矩 M，式中 C 为所切横截面的形心。

例 8-1 一简支梁受集中力 $F=4\,\text{kN}$，集中力偶 $M=4\,\text{kN} \cdot \text{m}$ 和均布载荷 $q=2\,\text{kN/m}$ 的作用，如图 8-8（a）所示，试求 1—1 和 2—2 截面上的剪力和弯矩。

解:（1）计算支座反力。取梁 AB 为研究对象，如图 8-8（b）所示，列平衡方程

$$\sum m_B(F) = 0$$

$$q \times 2 \times 7 + F \times 4 + M - F_{RA} \times 8 = 0$$

$$\sum F_y = 0$$

$$F_{RA} - q \times 2 - F + F_{RB} = 0$$

解得

$$F_{RA} = 6\,\text{kN} \qquad F_{RB} = 2\text{kN}$$

（2）计算截面上的剪力和弯矩。取截面 1—1 左段为研究对象，如图 8-8（c）所示，列平衡方程

$$\sum m_C(F) = 0$$

$$-F_{RA} \times 3 + q \times 2 \times 2 + M_1 = 0$$

解得

$$F_{Q1} = 2\,\text{kN} \qquad M_1 = 10\,\text{kN} \cdot \text{m}$$

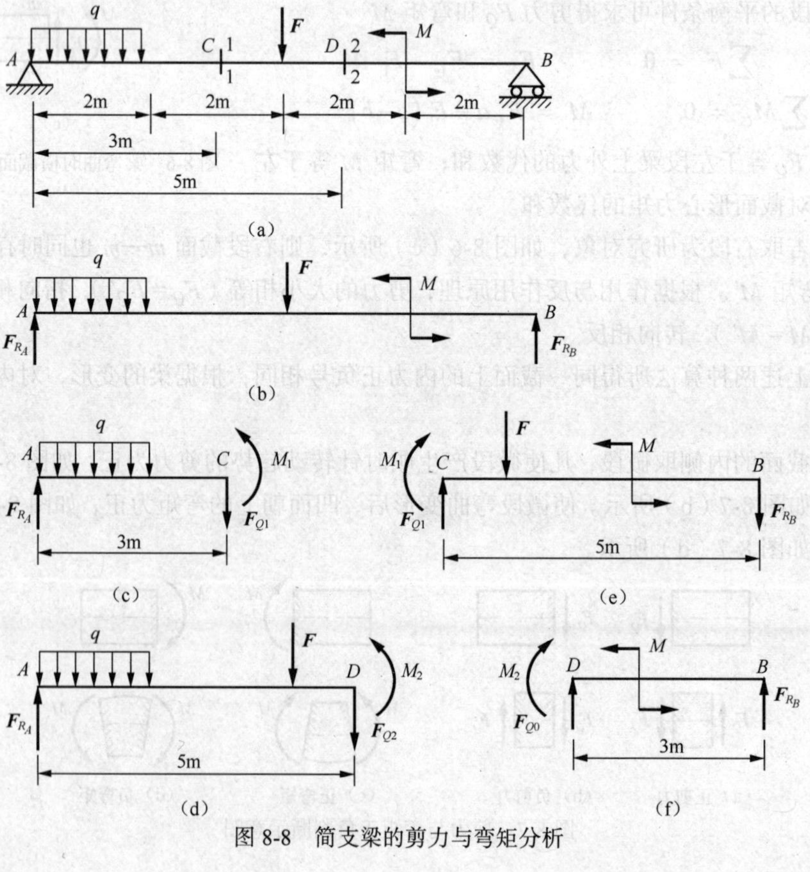

图 8-8 简支梁的剪力与弯矩分析

取截面 2—2 左段为研究对象，如图 8-8（d）所示，列平衡方程

$$\sum F_y = 0$$

$$F_{RA} - q \times 2 - F + F_{Q2} = 0$$

$$\sum m_D(F) = 0$$

$$-F_{RA} \times 5 + q \times 2 \times 4 + F \times 1 + M_2 = 0$$

解得 $\qquad F_{Q2} = -2 \text{ kN} \qquad\qquad M_2 = 10 \text{ kN·m}$

若选右段为研究对象，如图 8-8（e）、（f）所示，解得的结果相同。但计算 F_{Q1} 和 M_1 时选左段梁较为简便，而计算 F_{Q2} 和 M_2 时选右段梁较为简便。

<h1 style="text-align:center">8.3
剪力图和弯矩图</h1>

上述分析表明，梁的剪力和弯矩不仅与梁上外力有关，并且随截面位置而变化。若将横截面沿轴线的位置用坐标 x 表示，则剪力和弯矩沿轴线的变化可表示为 x 的函数，即

$$F_Q = F_Q(x) \qquad\qquad M = M(x) \qquad\qquad (8.1)$$

上两式表示了剪力 F_Q 和弯矩 M 随截面位置 x 的变化规律，分别称为剪力方程和弯矩方程。

为了清楚地表示梁上各横截面的剪力和弯矩的大小、正负及最大值所在截面的位置，把剪力方程和弯矩方程用函数图像表示出来，分别称为剪力图和弯矩图。其绘制方法是：以平行于梁轴的横坐标表示横截面位置，以纵坐标表示横截面上的剪力 F_Q 或弯矩 M，分别绘制 $F_Q = F_Q(x)$ 或 $M = M(x)$ 的图线。

下面举例说明建立剪力方程、弯矩方程和绘制剪力图、弯矩图的方法。

例 8-2　简支梁如图 8-9（a）所示，在截面 C 处受集中力作用，试绘制此梁的剪力图和弯矩图。

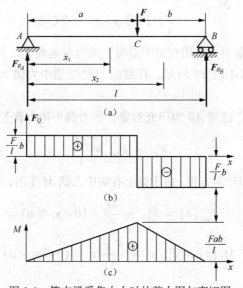

图 8-9　简支梁受集中力时的剪力图与弯矩图

解：（1）求支座反力。选 AB 为研究对象，列平衡方程可得 A 和 B 两支座的反力分别为

$$F_{RA} = \frac{Fb}{l} \qquad F_{RB} = \frac{Fa}{l}$$

（2）分段列剪力方程和弯矩方程。由于梁在 C 点处有集中力 F 作用，故 AC 和 CB 两段的剪力、弯矩方程不同，必须分别列出。

AC 段
$$F_{Q1}(x) = F_{RA} = \frac{Fb}{l} \qquad (0 < x_1 < a) \tag{a}$$

$$M_1(x) = F_{RA}\, x_1 = \frac{Fb}{l} x_1 \qquad (0 \leqslant x_1 \leqslant a) \tag{b}$$

BC 段
$$F_{Q2}(x) = F_{RA} - F = -\frac{Fa}{l} \qquad (a < x_2 < l) \tag{c}$$

$$M_2(x) = F_{RA}\, x_2 - F(x_2 - a) = \frac{Fa}{l}(l - x_2) \qquad (a \leqslant x_2 \leqslant l) \tag{d}$$

（3）画剪力图和弯矩图。由剪力方程式（a）、（c）可知，AC 段和 BC 段梁上的剪力为两个不同的常数，故其剪力图均为水平直线，如图 8-9（b）所示。

由弯矩方程式（b）、（d）可知，AC 段和 BC 段梁上的弯矩均为 x 的一次函数，故两段弯矩图均为斜率不同的两条直线。由特征点数值：$x=0$, $M_A=0$, $x=a$, $M_C=Fab/l$; $x=l$, $M_B=0$, 即可以画出弯矩图，如图 8-9（c）所示。

由剪力图可知

$$\left| F_Q \right|_{max} = \begin{cases} \dfrac{a}{l} F & (若\,a>b) & 在\,CB\,段 \\[2mm] F/2 & (若\,a=b) & 在所有截面 \\[2mm] \dfrac{b}{l} F & (若\,a<b) & 在\,AC\,段 \end{cases}$$

$$M_{max} = \begin{cases} \dfrac{ab}{l} F & 在\,C\,处 \\[2mm] \dfrac{1}{4} F l & (若\,a=b) & 在\,C\,处 \end{cases}$$

由上述结果可知，当集中力作用在梁中点时，梁内弯矩最大，其值为 Fl/4。

例 8-3 简支梁如图 8-10（a）所示，在截面 C 处受集中力偶 M 作用，试绘制此梁的剪力图和弯矩图。

解：（1）求支座反力。选梁 AB 为研究对象，由力偶平衡方程 $\sum m = 0$，得

$$F_{RA} = F_{RB} = \frac{M}{l}$$

（2）分段列剪力方程和弯矩方程。由于梁上有集中力偶 M 作用，故将梁分为 AC 和 BC 两段。

AC 段
$$F_{Q1}(x) = F_{RA} = \frac{M}{l} \qquad (0 < x_1 \leqslant a) \tag{a}$$

$$M_1(x) = F_{RA}\, x_1 = \frac{Fx_1}{l} x_1 \qquad (0 \leqslant x_1 < a) \tag{b}$$

BC 段
$$F_{Q2}(x) = F_{RA} = \frac{M}{l} \qquad (0 < x_2 \leqslant l) \tag{c}$$

$$M_2(x) = -F_{RB}(l - x_2) = -\frac{M}{l}(l - x_2) \qquad (a < x_2 \leqslant l) \tag{d}$$

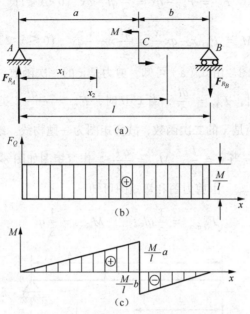

图 8-10　简支梁受集中力偶时的剪力图与弯矩图

（3）画剪力图和弯矩图。由剪力方程式（1）、（3）可知，由于整个梁上剪力为一常数，故剪力图为一水平直线，如图 8-10（b）所示。

由弯矩方程式（b）、（d）可知，AC 段和 BC 段梁上的弯矩图为两条斜直线。

AC 段　　　　　　　　　$x = 0$，$M_A = 0$；$x = a^-$，$M_C^{左} = Ma/l$

CB 段　　　　　　　　　$x = a^+$，$M_C^{左} = Mb/l$　$x = l$，$M_B = 0$

（4）确定 $F_{Q,max}$ 和 M_{max}。梁上各截面上的剪力均相等，而 C 截面左侧的弯矩最大，即

$$F_{Q,max} = \frac{M}{l}, \qquad M_{max} = \frac{Ma}{l}$$

由 M 图可以看出，在集中力偶作用处的截面两侧，剪力值相等，而弯矩值发生突变。若从左向右作图，正力偶向下突变，负力偶向上突变，突变量等于该集中力偶 M 的值，即

$$\left| M_C^{右} - M_C^{左} \right| = \left| -\frac{M_a}{l} - \frac{M_b}{l} \right| = M$$

上式中 $M_C^{右}$ 和 $M_C^{左}$ 分别表示截面 C 左右两侧无限接近的截面上的弯矩。

例 8-4　简支梁受均布载荷 q 的作用，如图 8-11（a）所示，试绘制此梁的剪力图和弯矩图。

解：（1）求支座反力。选梁 AB 为研究对象，由对称性知：A、B 两支座的反力为

$$F_{RA} = F_{RB} = \frac{1}{2}ql$$

（2）列剪力方程和弯矩方程。取任意截面 x，则有

$$F_Q = F_{RA} - qx = \frac{1}{2}ql - qx \quad (0 < x < l) \tag{a}$$

$$M = F_{RA}x - qx\frac{x}{2} = \frac{ql}{2}x - \frac{1}{2}qx^2 \quad (0 \leqslant x \leqslant l) \tag{b}$$

（3）画剪力图和弯矩图。由式（a）可知，剪力是 x 的一次函数，故剪力图为一斜直线。绘制时可定两点：当 $x \to 0$ 时，$F_{QA} = \frac{ql}{2}$；当 $x \to l$ 时，$F_{QB} = -\frac{ql}{2}$，剪力图如图 8-11（b）所示。

由式（b）可知，弯矩是 x 的二次函数，故弯矩图为一抛物线。绘制时可定 3 点：当 $x = 0$，$M_A = 0$；当 $x = l$，$M_B = 0$；当 $x = \frac{l}{2}$，$M_C = \frac{ql^2}{8}$。作弯矩图如图 8-11（c）所示。

（4）确定 $F_{Q,max}$ 和 M_{max}。由剪力图和弯矩图可知

$$F_{Q,max} = \frac{1}{2}ql \qquad M_{max} = \frac{1}{8}ql^2$$

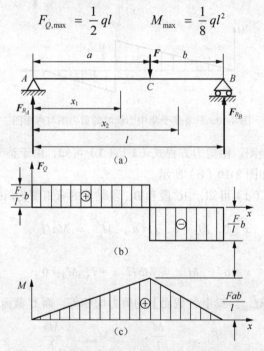

图 8-11　简支梁受均布载荷时的剪力图与弯矩图

8.4

纯弯曲梁横截面上的正应力及其强度计算

讨论了梁的内力之后，本节将研究平面弯曲条件下，梁的内力在横截面上的分布规律，建

立应力计算公式并进行梁的强度计算。

8.4.1 纯弯曲

图 8-12（a）所示的简支梁横截面为矩形，外力为垂直于轴线的横向力，其作用面与梁的纵向对称平面重合。梁的剪力图和弯矩图分别如图 8-12（b）和图 8-12（c）所示。在 AC 和 BD 段内，各横截面上既有弯矩又有剪力，同时发生弯曲变形和剪切变形，这种弯曲称为剪切弯曲。在 CD 段内只有弯矩而无剪力，只发生弯曲变形，这种弯曲称为纯弯曲。从静力学关系可知，弯矩 M 是横截面上法向分布内力组成的合力偶矩，而剪力 F_Q 则是横截面上切向分布内力组成的合力。因此，梁在剪切弯曲时，横截面上一般既有正应力又有切应力。

研究图 8-12（a）中 CD 段梁的变形，其受力如图 8-13（a）所示。由于梁的材料、结构和外力均对称于中间横截面 E，由对称性可知，变形也对称于 E 截面，如图 8-13（b）所示，因此 E 截面变形后将保持为平面并垂直于变形后的轴线。若梁两端的外力分布和中间截面上的应力分布情况相同，则半段梁的受力和变形也将具有对称性，其中间截面 G 和 H 变形后也将保持为平面且垂直于变形后的轴线。以此类推可知梁在纯弯曲下，横截面变形后仍保持为平面且垂直于变形后的轴线。如果梁端在等效弯曲力偶作用下，则根据圣维南原理，除梁端附近的小范围外，上述结论仍然成立。

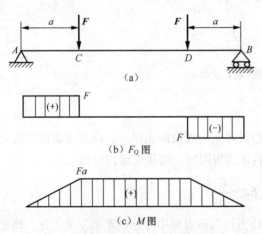

（a）

（b）F_Q 图

（c）M 图

图 8-12　简支梁剪切弯曲时的剪力图与弯矩图

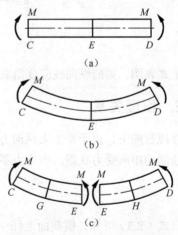

（a）

（b）

（c）

图 8-13　简支梁发生剪切弯曲变形示意图

由平衡面变形可得如下推论。

（1）梁弯曲时存在有中性层和中性轴。用相距为 dx 的两个横截面 m—m 和 n—n 从图 8-13（a）所示梁中取出一微段，如图 8-14（a）所示。梁变形后，纵向线段 $\overline{aa}$、$\overline{bb}$ 由直线弯成弧线 $\widehat{a'a'}$、$\widehat{b'b'}$，且 $\widehat{a'a'}$ 比 $\overline{aa}$ 缩短了，$\widehat{b'b'}$ 比 $\overline{bb}$ 伸长了。根据变形的连续性，梁内必有一层不伸长也不缩短的纵向线段，称为中性层，中性层与横截面的交线称为中性轴，如图 8-14（b）所示。由于梁的材料和受力均对称于纵向对称平面，横截面的变形也必对称于截面的对称轴，故对称轴变形后保持为直线并与中性轴正交。梁弯曲时横截面绕其中性轴转动。

（2）由于变形的对称性，纯弯曲时梁的横轴面与纵向线段正交，因此切应变为零，即切应力为零。

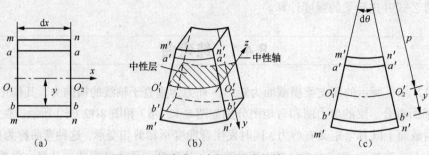

图 8-14　梁弯曲时中性层及中性轴示意图

8.4.2　正应力计算公式

1. 变形几何关系

为分析纵向线段的变形，取截面对称轴为 y 轴，中性轴为 z 轴，如图 8-14（b）所示，变形后两横截面绕 z 轴相对转角为 $\mathrm{d}\theta$，中性层的曲率半径为 ρ，距中性层为 y 的纵向线段 $\overline{bb}$ 由原长 $\mathrm{d}x=\rho\mathrm{d}\theta$ 变为 $(\rho+y)\,\mathrm{d}\theta$，如图 8-14（c）所示。因此该线段的线应变为

$$\varepsilon = \frac{\overline{b'b'} - \overline{bb}}{\overline{bb}} = \frac{(\rho+y)\,\mathrm{d}\theta - \rho\mathrm{d}\theta}{\rho\mathrm{d}\theta}$$

即
$$\varepsilon = \frac{y}{\rho} \tag{8.2}$$

上式表明，梁的纵向线应变沿截面高度按线性分布。

2. 物理关系

在纯弯曲下，由于梁上无横向力作用，假设各纵向线段间无挤压，因此各纵向线段处于拉伸或压缩的单向受力状态。当应力不超过材料比例极限时，由胡克定律可得

$$\sigma = E\varepsilon = \frac{E}{\rho}y \tag{8.3}$$

由式（8.3）可知，横截面上任一点的正应力均与该点到中性轴的距离 y 成正比，即正应力沿横截面高度按线性分布，沿宽度均匀分布，在中性轴上正应力为零，如图 8-15 所示。

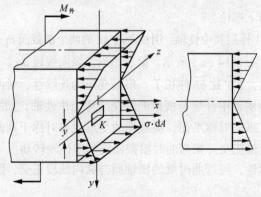

图 8-15　纯弯曲时梁横截面上正应力分布示意图

3. 静力学关系

在梁的横截面上 K 点附近取微面积 $\mathrm{d}A$，设 z 为横截面的中性轴，K 点到中性轴的距离为 y，若该点的正应力为 σ，则微面积 $\mathrm{d}A$ 的法向内力为 $\sigma \cdot \mathrm{d}A$。截面上各处的法向内力构成一个空间平行力系。应用平衡条件 $\sum F_{\mathrm{x}} = 0$，则有

$$\int_A \sigma \, \mathrm{d}A = 0 \tag{8.4}$$

将式（8.3）代入式（8.4）中得

$$\int_A \frac{E}{\rho} y \cdot \mathrm{d}A = 0$$

或写成

$$\frac{E}{\rho} \int_A y \cdot \mathrm{d}A = 0$$

即

$$\int_A y \cdot \mathrm{d}A = 0 \tag{8.5}$$

式中，积分 $\int_A y \cdot \mathrm{d}A = y \cdot A = S_z$，为截面对 z 轴的静矩，故有

$$y \cdot A = 0$$

显然，横截面面积 $A \neq 0$，只有 $y = 0$。这说明横截面的形心在 z 轴上，即中性轴必须通过横截面的形心。这样，就确定了中性轴的位置。再由 $\sum m_z(F) = 0$，得

$$M_{\text{外}} = \int_A \sigma y \, \mathrm{d}A = M \tag{8.6}$$

式中，$M_{\text{外}}$ 是此段梁所受的外力偶，其值应等于截面上的弯矩。将式（8.3）代入式（8.6）中，得

$$M = \int_A \frac{E}{\rho} y^2 \, \mathrm{d}A = \frac{E}{\rho} \int_A y^2 \, \mathrm{d}A$$

令

$$I_z = \int_A y^2 \, \mathrm{d}A$$

则

$$\frac{1}{\rho} = \frac{M}{E I_z} \tag{8.7}$$

式中：I_z——横截面对中性轴 z 的惯性矩；$1/\rho$——梁的弯曲程度，$1/\rho$ 越大，梁弯曲越大，$1/\rho$ 越小，梁弯曲越小；$E I_z$ 与 $1/\rho$ 成反比，所以 $E I_z$ 表示梁抵抗弯曲变形的能力，称为抗弯刚度。

将式（8.7）代入式（8.3）中，即可求出正应力

$$\sigma = E \cdot \frac{y}{\rho} = E \cdot y \cdot \frac{M}{E I_z}$$

即

$$\sigma = \frac{M}{I_z} y \tag{8.8}$$

式中：σ——横截面上任一点处的正应力；M——横截面上的弯矩；y——横截面上任一点到中性轴的距离；I_z——横截面对中性轴 z 的惯性矩，单位为 m^4。

从式（8.8）可以看出，中性轴上 $y = 0$，故 $\sigma = 0$，而最大正应力 $\sigma_{\max}$ 产生在离中性轴最远的边缘，即 $y = y_{\max}$ 时，$\sigma = \sigma_{\max}$，即

$$\sigma_{max} = \frac{M}{I_z} y_{max} \qquad (8.9)$$

由式（8.9）知，对梁上某一横截面来说，最大正应力位于距中性轴最远的地方。

令

$$\frac{I_z}{y_{max}} = W_z$$

于是有

$$\sigma_{max} = \frac{M}{W_z} \qquad (8.10)$$

式中：W_z——抗弯截面模量，mm^3。它也是只与截面的形状和尺寸有关的几何量。

对于矩形截面（宽为 b，高为 h），则

$$W_z = \frac{I_z}{y_{max}} = \frac{b h^3/12}{h/2} = \frac{b h^2}{6} \qquad (8.11)$$

对于圆形截面（直径为 d），有

$$W_z = \frac{I_z}{y_{max}} = \frac{\pi d^4/64}{d/2} = \frac{\pi d^3}{32} \qquad (8.12)$$

对于空心圆截面（外径为 D，内径为 d，令 $\alpha = d/D$），则

$$W_z = \frac{I_z}{y_{max}} = \frac{\frac{\pi}{64}(D^4 - d^4)}{D/2} = \frac{\pi D^3}{32}(1 - \alpha^4) \qquad (8.13)$$

例 8-5 一空心矩形截面悬臂梁受均布载荷作用，如图 8-16（a）所示。已知梁跨长 $l = 1.2\ m$，均布载荷集度 $q = 20\ kN/m$，横截面尺寸为 $H = 12\ cm$，$B = 6\ cm$，$h = 8\ cm$，$b = 3\ cm$。试求此梁外壁和内壁的最大正应力。

解：（1）作弯矩图，求最大弯矩。梁的弯矩图如图 8-16（b）所示，在固定端横截面上的弯矩绝对值最大，为

$$|M|_{max} = \frac{q l^2}{2} = \frac{20 \times 1000 \times 1.2^2}{2} = 14400\ N \cdot m$$

（2）计算横截面的惯性矩。横截面对中性轴的惯性矩为

$$I_z = \frac{B H^3}{12} - \frac{b h^3}{12} = \frac{6 \times 12^3}{12} - \frac{3 \times 8^3}{12} = 736\ cm^4$$

（3）计算应力。由式（8.9），外壁和内壁处的最大应力分别为

$$\sigma_{外 max} = \frac{M_{max}}{I_z} \cdot \frac{H}{2} = \frac{14400}{736 \times 10^{-8}} \times \frac{12 \times 10^{-2}}{2} = 117.4 \times 10^6\ Pa = 117.4\ MPa$$

$$\sigma_{内 max} = \frac{M_{max}}{I_z} \cdot \frac{h}{2} = \frac{14400}{736 \times 10^{-8}} \times \frac{8 \times 10^{-2}}{2} = 78.3 \times 10^6\ Pa = 78.3\ MPa$$

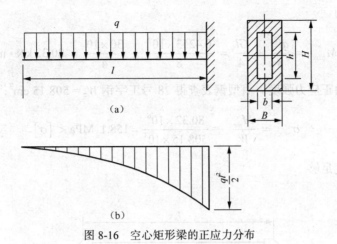

图 8-16 空心矩形梁的正应力分布

8.4.3 弯曲正应力的强度计算

梁弯曲时横截面上既有拉应力又有压应力，当最大的拉（压）应力分别小于它们的许用应力值时，梁具有足够的强度。当材料的拉（压）强度相等时，梁的正应力强度条件为

$$\sigma_{max} = \frac{M}{W_z} \leqslant [\sigma] \quad\quad (8.14)$$

对于低碳钢一类塑性材料，其抗拉和抗压的许用应力相等，为了使横截面上的最大拉应力和最大压应力同时达到许用应力，通常将截面做成与中性轴对称的形状，如矩形、工字形和圆形等。其强度条件为

$$\sigma_{max} = \frac{|M|_{max}}{W_z} \leqslant [\sigma] \quad\quad (8.15)$$

对于脆性材料，因其抗拉和抗压的许用应力不相同，为了充分利用材料，常将横截面做成与中性轴不对称的形状，如 T 字形截面等。图 8-17 所示的铸铁托架，其最大拉应力和最大压应力值，可分别将 y_1 和 y_2 值代入公式（8.9）得出。故其强度条件为

$$\sigma^+_{max} = \frac{M_{max}\, y_1}{I_z} \leqslant [\sigma^+] \quad\quad (8.16)$$

$$\sigma^-_{max} = \frac{M_{max}\, y_2}{I_z} \leqslant [\sigma^-] \quad\quad (8.17)$$

由式（8-15）～式（8-17）即可按正应力进行强度校核，选择截面尺寸或确定许可载荷。材料的弯曲许用应力值比拉（压）杆许用应力略大，一般以许用拉伸（压缩）应力值作为许用弯曲应力值，或按设计规范选取。

例 8-6 某单梁桥式吊车如图 8-17 所示，跨长 $l = 10$ m，起重量（包括电动葫芦自重）为 $G = 30$ kN，梁由 28 号工字钢制成，材料的许用应力 $[\sigma] = 160$ MPa，试校核该梁的正应力强度。

解：（1）画计算简图。将吊车横梁简化为简支梁，梁自重为均布载荷 q，由型钢表查得 28 号工字钢的理论自重为 $q = 43.4$ kg/m $= 0.4253$ kN/m，吊重 G 为集中力，如图 8-17（b）所示。

（2）画弯矩图。由梁的自重和吊重引起的弯矩图分别为图 8-17（c）、（d）所示，其跨中的

弯矩最大,其值为

$$M_{max} = \frac{ql^2}{8} + \frac{Gl}{4} = \frac{0.4253 \times 10^2}{8} + \frac{30 \times 10}{4} = 80.32 \text{ kN·m}$$

(3)校核弯曲正应力强度。由型钢表查得 28 号工字钢 $W_z = 508.15 \text{ cm}^3$,于是得

$$\sigma_{max} = \frac{M_{max}}{W_z} = \frac{80.32 \times 10^6}{508.15 \times 10^3} = 158.1 \text{ MPa} < [\sigma]$$

故此梁的强度足够。

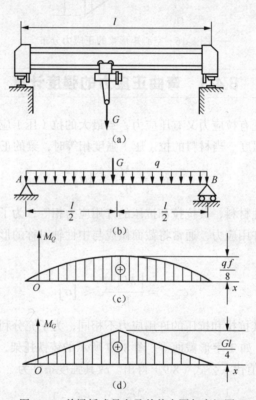

图 8-17 单梁桥式吊车及其剪力图与弯矩图

8.5

纯弯曲梁横截面上的切应力及其强度计算

梁在剪切弯曲下横截面上既有弯矩又有剪力,因此,横截面上就有相应的正应力和切应力。本节介绍矩形横面梁的弯曲切应力和几种常见典型截面梁的切应力最大值计算公式。

8.5.1 矩形截面梁横截面上的切应力

在图 8-18（a）所示的矩形截面梁的任意截面上，截面高度为 h、宽度为 b，且 $h > b$，剪力 F_Q 皆与截面对称轴 y 重合，如图 8-18（b）所示。关于横截面上切应力的分布规律，做以下两个假设。

（1）横截面上各点的切应力的方向都平行于剪力 F_Q。

（2）切应力沿截面宽度均匀分布。

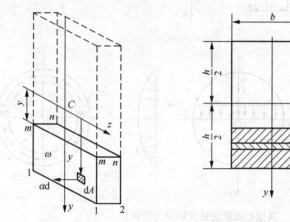

图 8-18　矩形横截面梁的切应力分析

在截面高度 h 大于宽度 b 的情况下，以上述假定为基础得到的解，与精确解相比有足够的准确度。按照这两个假设，推导出距中性轴 y 处的切应力公式为

$$\tau = \frac{F_Q S_z^*}{I_z b} \tag{8.18}$$

式中：F_Q ——横截面上的剪力；b ——截面宽度；I_z ——整个截面对中性轴的惯性矩；S_z^* ——截面上距中性轴为 y 的横线外侧阴影部分的矩形面积 A^* 对中性轴 z 的静矩。静矩的计算公式为 $S_z^* = A^* y^*$，代入式（8.18）后，可得

$$\tau = \frac{F_Q}{2I_z}\left(\frac{h^2}{4} - y^2\right) \tag{8.19}$$

从上式可知，切应力沿截面高度按抛物线规律变化。在上下边缘的各点处，切应力等于零；最大切应力发生在中性轴上的各点处。将 $y = 0$ 代入式（8.19）得

$$\tau_{\max} = \frac{3}{2}\frac{F_Q}{bh} = \frac{3}{2}\frac{F_Q}{A} \tag{8.20}$$

可见矩形截面梁最大切应力为平均切应力 $\dfrac{F_Q}{A}$ 的 1.5 倍。

8.5.2 其他常见截面梁的最大切应力计算公式

其他常见典型截面梁如工字形截面梁，圆形截面梁和圆环形截面梁，最大切应力也发生在

中性轴上，如图 8-19 所示，其值为

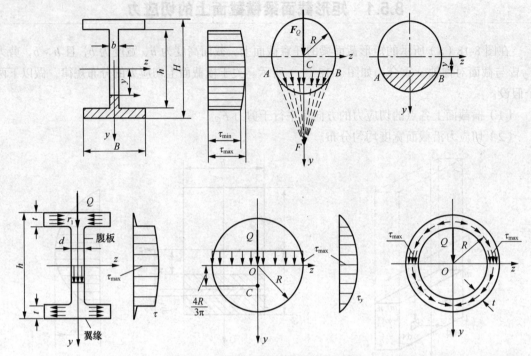

图 8-19 其他截面梁的最大切应力分析

工字形截面： $$\tau_{max} = \frac{F_Q}{A_{腹}}$$ （8.21）

圆形截面： $$\tau_{max} = \frac{4F_Q}{3A}$$ （8.22）

圆环形截面： $$\tau_{max} = 2\frac{F_Q}{A}$$ （8.23）

式（8.21）中，$A_{腹}=bh$；式（8.22）和式（8.23）中，A 为横截面面积。

8.5.3 梁的切应力强度条件

梁在横力弯曲情况下，切应力通常发生在中性轴处，而中性轴处的正应力为零。因此，产生最大切应力各点处于纯切应力状态。所以，弯曲切应力的强度条件为

$$\tau_{max} = \frac{F_{Q,max} S_z^*}{I_z b} \leqslant [\tau]$$ （8.24）

细长梁的控制因素通常是弯曲正应力。满足弯曲正应力强度条件的梁一般都能满足切应力强度条件。只有在下述一些情况下才要进行梁的弯曲切应力强度校核。

（1）梁的跨度较短，或在支座附近作用较大的载荷，以致梁的弯矩较小而剪力颇大。

（2）铆接或焊接的工字梁，如腹板较薄而截面高度颇大以致厚度与高度的比值小于型钢的相应比值，这时，对腹板应进行切应力校核。

（3）经焊接、铆接或胶合而成的梁，对焊缝、铆钉或胶合面等，一般要进行剪切计算。

例 8-7 外伸梁如图 8-20（a）所示，外伸端受集中力 F 的作用，已知 $F = 20$ kN，$l = 0.5$ m，$a = 0.3$ m，材料的许用正应力 $[\sigma] = 160$ MPa，许用切应力 $[\tau] = 100$ MPa，试选择工字钢型号。

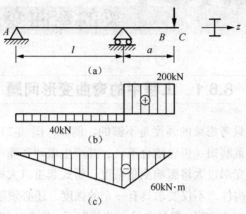

图 8-20 外伸梁的剪力图与弯矩图

解：（1）画剪力图和弯矩图。如图 8-20（b）、（c）所示，由剪力图和弯矩图确定最大剪力和最大弯矩为 $F_{Q,max} = 200$ kN，$M_{max} = 60$ kN·m。

（2）由正应力强度条件，初选工字钢型号。

$$W_z = \frac{M_{max}}{[\sigma]} = \frac{60 \times 10^6}{160} = 375 \times 10^3 \text{ mm}^3$$

依据 $W_z = 375 \times 10^3$ mm³，查型钢表得，25a 号工字钢

$$W_z = 401.88 \text{ cm}^3, \quad d = 8 \text{ mm}, \quad I/S_z = 21.58 \text{ cm}, \quad h = 250 \text{ mm}$$

（3）校核切应力强度。由式 8.24，梁内最大弯曲切应力为

$$\tau_{max} = \frac{F_{Q,max} S_z^*}{I_z b} = \frac{200 \times 10^3}{21.58 \times 10 \times 8} = 115.85 \text{ MPa} > [\tau] = 100 \text{ MPa}$$

由此结果可知，梁的切应力强度不够。

（4）按切应力强度条件选择工字钢型号。由式（8.24）可得

$$\frac{I_z d}{S_z} \geqslant \frac{F_{Q,max}}{[\tau]} = \frac{200 \times 10^3}{100} = 2000 \text{ mm}^2$$

依据上面数据查型钢表，选取 25b 号工字钢，其几何量为

$$d = 10 \text{ mm}, \quad I/S_z = 21.27 \text{ cm}$$

而 $I_z d/S_z = 21.27 \times 10 \text{ mm} \times 10 \text{ mm} = 2\,127 \text{ mm}^2 > 2\,000 \text{ mm}^2$

所以，最后选定工字钢型号为 25b。

*8.6 | 梁的弯曲变形

8.6.1 工程中的弯曲变形问题

在许多工程问题中，只考虑梁的强度是不够的。例如，图 8-21（a）所示的齿轮轴，若弯曲变形过大将造成轴承严重磨损、齿轮啮合不良，并产生振动和噪声；机床的主轴变形过大会影响加工精度；精密量具变形过大将影响测量精度；桥式起重机大梁变形过大将使梁上小车行走困难。因此对某些受弯构件，不仅要求具有一定的强度，还必须限制它们的变形。

工程中虽然经常限制弯曲变形，但是在另一些情况下，常常又利用弯曲变形达到某种要求。例如，叠板弹簧应有较大的变形，才可以更好地起缓冲作用，如图 8-21（b）所示。弹簧扳手要有明显的弯曲变形，才可以使测得的力矩更为准确，如图 8-21（c）所示。

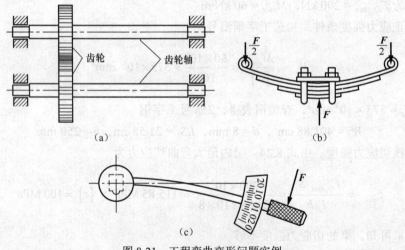

图 8-21 工程弯曲变形问题实例

8.6.2 挠曲线近似微分方程

设一悬臂梁 AB，如图 8-22 所示，在载荷作用下，其轴线将弯曲成一条光滑的连续曲线 AB'。在平面弯曲的情况下，这是一条位于载荷所在平面内的平面曲线。梁弯曲后的轴线称为挠曲线。因这是在弹性范围内的挠曲线，故也称为弹性曲线。

梁的弯曲变形可用挠度和转角来表示。

图 8-22 悬臂梁的挠曲线

1. 挠度

由图 8-22 可见，梁轴线上任一点 C（即梁某一横截面的形心），在梁变形后将移至 C'。由于梁的变形很小，变形后的挠曲线是一条平坦的曲线，故 C 点的水平位移可以忽略不计，从而认为线位移 CC' 垂直于变形前的梁的轴线。这种位移称为该截面形心的挠度，简称为该截面的挠度。图中以 y_C 表示，单位为 mm。

2. 转角

梁变形时，横截面还将绕中性轴转动一个角度。梁任一横截面相对于其原来位置所转动的角度称为该截面的转角，单位为 rad。图 8-22 中的 θ_C 即为截面 C 的转角。

为描述梁的挠度和转角，取一个直角坐标系，以梁的左端为原点，令 x 轴与梁变形前的轴线重合，方向向右；y 轴与之垂直，方向向上，如图 8-22 所示。这样，变形后梁任一横截面的挠度就可用其形心在挠曲线上的纵坐标 y 表示。根据平面假设，梁变形后横截面仍垂直于梁的轴线，因此，任一横截面的转角，也可用挠曲线在该截面形心处的切线与 x 轴的夹角 θ 来表示。挠度 y 和转角 θ 随截面位置 x 而变化，即 y 和 θ 是 x 的函数。因此，梁的挠曲线可表示为

$$y = f(x) \tag{8.25}$$

此式称为梁的挠曲线方程。由微分学知，过挠曲线上任意点切线与 x 轴的夹角的正切就是挠曲线在该点处的斜率，即

$$\tan\theta = \frac{\mathrm{d}y}{\mathrm{d}x} = y' \tag{8.26}$$

由于工程实际中梁的转角 θ 一般很小，$\tan\theta \approx \theta$，故可以认为

$$\theta = \frac{\mathrm{d}y}{\mathrm{d}x} = y' \tag{8.27}$$

可见 y 与 θ 之间存在一定的关系，即梁任一横截面的转角 θ 的值等于该截面的挠度 y 对 x 的一阶导数。这样，只要求出挠曲线方程，就可以确定梁上任一横截面的挠度和转角。

3. 挠曲线近似微分方程

对细长梁，剪力对剪变形影响很小，因此纯弯曲的曲率公式（8.7）仍可应用于剪切弯曲，但应改写成

$$\frac{1}{\rho(x)} = \frac{M(x)}{EI} \tag{8.28}$$

式中，$\rho(x)$——梁轴线上任一点变形后的曲率半径，$M(x)$——相应截面的弯矩。由高等数学可知，平面曲线的曲率可写成

$$\frac{1}{\rho(x)} = \pm \frac{y''}{\left(1 + \left(y'\right)^2\right)^{3/2}} \tag{8.29}$$

将式（8.29）代入式（8.28），并考虑到小变形时，y' 远小于 1，可得

$$y'' = \pm \frac{M(x)}{EI} \tag{8.30}$$

由于 y'' 的正负号与弯矩的正负号相同，如图 8-23 所示，所以上式右端应取正号，即

$$y'' = \frac{M(x)}{EI} \tag{8.31}$$

上式称为挠曲线近似微分方程。对于静定梁，弯矩可由截面法求得。于是，求等截面直梁的变形问题归结为求解一个二阶常微分方程。

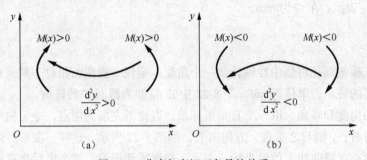

图 8-23　曲率与弯矩正负号的关系

8.6.3　积分法求梁的挠度和转角

对与等截面直梁，EI 为常量，式（8.31）可改写成

$$EIy'' = M(x) \tag{8.32}$$

积分一次可得转角方程

$$EI\theta = EIy' = \int M(x)\,dx + C \tag{8.33}$$

再积分一次可得挠度方程

$$EIy = \iint M(x)\,dx\,dx + Cx + D \tag{8.34}$$

上式中的 C、D 为积分常数，可利用梁的边界条件和连续性条件确定。

8.6.4　叠加法求梁的挠度和转角

在弯曲变形很小，且材料服从胡克定律的情况下，挠曲线微分方程是线性的。又因在很小变形前提下，计算弯矩时，用梁变形前的位置，结果弯矩与载荷的关系也是线性的。这样梁在几个力共同作用下产生的变形（或支座反力、弯矩）将等于各个力单独作用时产生的变形（或支座反力、弯矩）的代数和。

8.7

梁的刚度计算

在工程实际中，对弯曲构件的刚度要求，就是要求其最大挠度或转角不得超过某一规定的限度，即

$$y_{max} \leqslant [y] \qquad\qquad (8.35)$$

$$\theta_{max} \leqslant [\theta] \qquad\qquad (8.36)$$

式中：$[y]$——构件的许用挠度，mm；$[\theta]$——构件的许用转角，rad。

上二式为弯曲构件的刚度条件。式中的许用挠度和转角，对不同类别的构件有不同的规定，一般可由设计规范中查得。

例 8-8 一台起重量为 50 kN 的单梁吊车，如图 8-24（a）所示，由 45a 号工字钢制成。已知电葫芦重 5 kN，吊车梁跨度 $l = 9.2$ m，许用挠度 $[y] = l/500$，材料的弹性模量 $E = 210$ GPa。试校核此吊车梁的刚度。

解： 将吊车梁简化为图 8-24（b）所示的简支梁。梁的自重为均布载荷，其集度为 q；电葫芦的轮压近似地视为一个集中力 F，当它行至梁跨度中点时，所产生的挠度为最大。

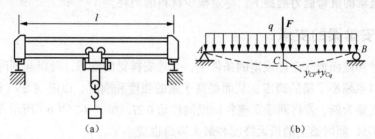

图 8-24 单梁吊车及其受力分析

（1）计算变形。电葫芦给吊车梁的轮压为

$$F = 50 + 5 = 55 \text{ kN}$$

由型钢表查得 45a 号工字钢横截面的惯性矩和自重分别为

$$I = 32240 \text{ cm}^4, \quad q = 80.4 \text{ kgf/m} \approx 804 \text{ N/m}$$

因集中力 F 和均布载荷 q 而引起的最大挠度位于梁的中点 C，得

$$y_{CF} = \frac{Fl^3}{48EI} = \frac{55 \times 10^3 \times 9.2^2}{48 \times 210 \times 10^9 \times 32\,240 \times 10^{-8}} = 0.013\,17 \text{ m} = 1.317 \text{ cm}$$

$$y_{Cq} = \frac{5ql^4}{384EI} = \frac{5 \times 804 \times 9.2^4}{384 \times 210 \times 10^9 \times 32\,240 \times 10^{-8}} = 0.001\,1 \text{ m} = 0.11 \text{ cm}$$

由叠加法求得梁的最大挠度为

$$y_{max} = y_{CF} + y_{Cq} = 1.317 + 0.11 = 1.427 \text{ cm}$$

（2）校核刚度。吊车梁的许用挠度为

$$[y] = \frac{l}{500} = \frac{9.2 \times 10^2}{500} = 1.84 \text{ cm}$$

将梁的最大挠度与其比较，知

$$y_{max} = 1.427 \text{ cm} < [y] = 1.84 \text{ cm}$$

可知满足刚度要求。

8.8 提高梁的强度和刚度的措施

从梁的弯曲正应力公式 $\sigma_{\max} = \dfrac{M_{\max}}{W_z}$ 可知，梁的最大弯曲正应力与梁上的最大弯矩 $W_{\max}$ 成正比，与弯曲截面系数 W_z 成反比；从梁的挠度和转角的表达式可以看出梁的变形与跨度 l 的高次方成正比，与梁的抗弯刚度 EI_z 成反比。依据这些关系，可以采用以下措施来提高梁的强度和刚度，在满足梁的抗弯能力前提下，尽量减少材料的消耗。

1. 合理安排梁的支承

在梁的尺寸和截面形状已经设定的条件下，合理安排梁的支承，可以起到降低梁上最大弯矩的作用，同时也缩小了梁的跨度，从而提高了梁的强度和刚度。以图 8-25（a）所示均布载荷作用下的简支梁为例，若将两端支座各向里侧移动 0.2l，如图 8-25（b）所示，梁上的最大弯矩只及原来的 1/5，同时梁上的最大挠度和最大转角也变小了。

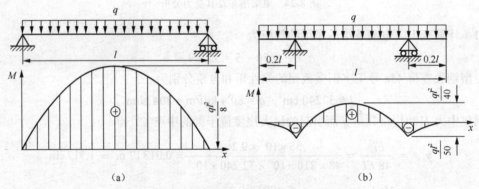

图 8-25　均布载荷作用下简支梁支撑的合理安排

工程上常见的锅炉筒体和龙门吊车大梁的支承不在两端，而向中间移动一定的距离，就是这个道理，如图 8-26（a）、（b）所示。

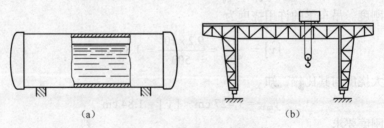

图 8-26　工程中常见的支撑安排

2. 合理布置载荷

载荷布置得合理也可以收到降低最大弯矩的效果。例如将轴上的齿轮安置得紧靠轴承，就会使齿轮传到轴上的力 F 紧靠支座。如图 8-27 所示的情况，轴的最大弯矩仅为 $M_{\max} = \dfrac{5}{36}Fl$；但如把集中力 F 作用于轴的中点，则 $M_{\max} = Fl/4$。相比之下，前者的最大弯矩就减少很多。此外，在情况允许的条件下，应尽可能把较大的集中力分散成较小的力，或者改变成分布载荷。例如把作用于跨度中点的集中力 F 分散成图 8-28 所示的两个集中力，则最大弯矩将由

$$M_{\max} = \frac{Fl}{4} \text{ 降为 } M_{\max} = \frac{Fl}{8} \text{。}$$

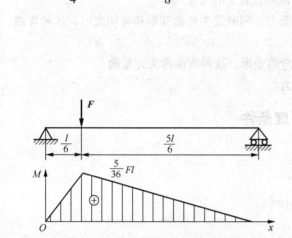

图 8-27　齿轮上载荷的合理布置—载荷紧靠支座

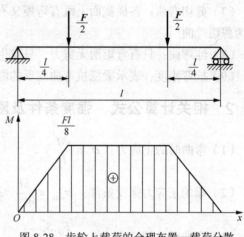

图 8-28　齿轮上载荷的合理布置—载荷分散

3. 选择梁的合理截面

梁的合理截面应该是用较小的截面面积获得较大的弯曲截面系数（或较大的截面二次矩）。从梁横截面正应力的分布情况来看，应该尽可能将材料放在离中性轴较远的地方。因此工程上许多弯曲构件都采用工字形、箱形、槽形等截面形状。各种型材（如型钢、空心钢管等）的广泛采用也是这个道理。

本章小结

本章首先介绍平面弯曲的概念和梁的计算简图，着重讨论梁的内力，即剪力和弯矩、剪力方程和弯矩方程、剪力图和弯矩图，并进一步介绍载荷集度、剪力和弯矩间的微分关系及其在剪力图、弯矩图中的作用。然后详细地推导了梁弯曲时的正应力和切应力公式，在此基础上讨论梁的正应力和切应力强度计算。另外还介绍了挠度和转角的概念，建立挠曲线近似微分方程，进而讨论求解挠度的方法。最后介绍了转角的积分法、叠加原理及其在求挠度、转角中的应用以及梁的刚度计算。

1. 基本概念

（1）弯曲的受力特点：外力是垂直于杆的轴线，或外力偶作用面垂直于横截面。

（2）弯曲的变形特点：杆轴线弯成一条曲线，这种变形称为弯曲。

（3）剪力：与竖直方向的外力平衡，其作用线平行于外力，通过截面形心并与梁的轴线垂直，该内力沿横截面作用，称为剪力。

（4）弯矩：与外力对截面形心的力矩平衡，其作用平面与梁的纵向对称面重合，该内力偶矩称为弯矩 M。

（5）剪力方程：$F_Q = F_Q(x)$，表示剪力 F_Q 随截面位置 x 的变化规律。

（6）弯矩方程：$M = M(x)$，表示弯矩 M 随截面位置 x 的变化规律。

（7）剪切弯曲：各横截面上既有弯矩又有剪力，同时发生弯曲变形和剪切变形，这种弯曲称为剪切弯曲。

（8）纯弯曲：只有弯矩而无剪力，只发生弯曲变形，这种弯曲称为纯弯曲。

（9）抗弯刚度：表示梁抵抗弯曲变形的能力。

2. 相关计算公式、强度条件及刚度条件

（1）弯曲时的正应力：$\sigma = \dfrac{M}{I_z} y$。

（2）梁的正应力强度条件：$\sigma_{\max} = \dfrac{M}{W_z} \leqslant [\sigma]$。

（3）弯曲时的切应力：$\tau = \dfrac{F_Q S_z^*}{I_z b}$。

（4）梁的切应力强度条件：$\tau_{\max} = \dfrac{F_{Q,\max} S_z^*}{I_z b} \leqslant [\tau]$。

（5）梁的刚度计算：对弯曲构件的刚度要求，就是要求其最大挠度或转角不得超过某一规定的限度，即 $y_{\max} \leqslant [y]$ 或 $\theta_{\max} \leqslant [\theta]$。

思考与练习

8.1　何谓横截面上的剪力和弯矩？剪力和弯矩的大小如何计算？正负如何确定？

8.2　如何列出剪力方程和弯矩方程？如何应用剪力方程和弯矩方程画剪力图和弯矩图？

8.3　在梁上受集中力和集中力偶作用处，其剪力图和弯矩图在该处如何变化？

8.4　根据梁的弯曲正应力分析，确定塑性材料和脆性材料各选用哪种截面形状合适。

8.5　在推导平面弯曲切应力计算公式过程中做了哪些基本假设？

8.6　挑东西的扁担常在中间折断，而游泳池的跳水板易在固定端处折断，这是为什么？

8.7　求图示中各梁中 C、D 和 e 截面的内力。其中 Δ 趋于零。

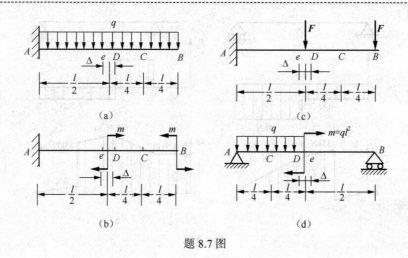

题 8.7 图

8.8 试列出图示中各梁的剪力方程和弯矩方程式，作剪力图和弯矩图，并求出$|F_{Q,\,max}|$和$|M_{max}|$。

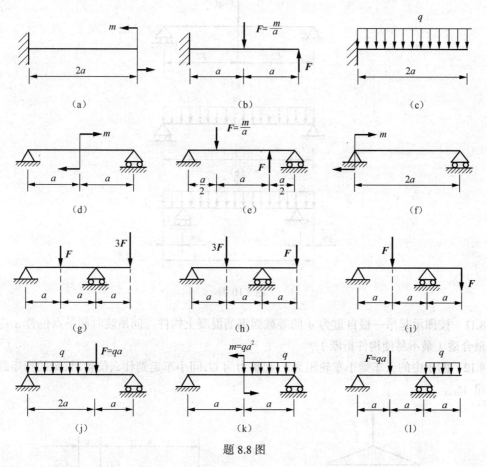

题 8.8 图

8.9 试按图中给出的剪力图和弯矩图，确定作用在梁上的载荷图，并在梁上画出。

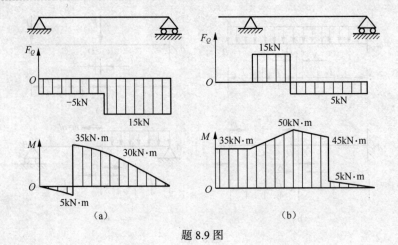

题 8.9 图

8.10 试求图示中 3 个梁的 $|M_{max}|$，并加以比较。

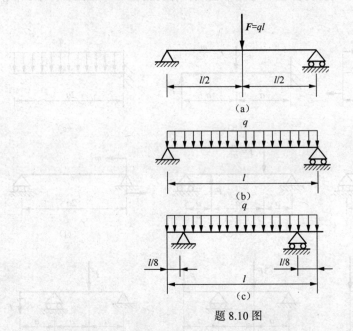

题 8.10 图

8.11 按图示起吊一根自重为 q 的等截面钢筋混凝土构件。问吊装时起吊点位置 x 应为多少才最合适（最不易使构件折断）？

8.12 图示中的天车梁小车轮距为 c，起重力为 G，问小车走到什么位置时，梁的弯矩最大？并求出 M_{max}。

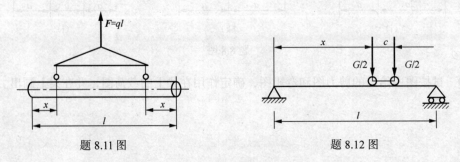

题 8.11 图　　　　题 8.12 图

8.13 试用 q、F_Q 及 M 的微分关系作图示各梁的剪力图和弯矩图，并求出 $|F_{Q,\max}|$ 和 $|M_{\max}|$。

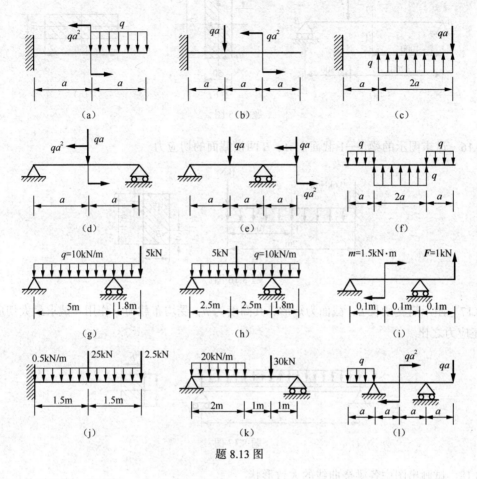

题 8.13 图

8.14 求图中 A 截面上 a、b 点的正应力。

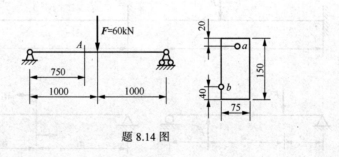

题 8.14 图

8.15 图示为一矩形截面简支梁。已知 $F = 16\ \text{kN}$，$b = 50\ \text{mm}$，$h = 150\ \text{mm}$。试求：（1）截面 1—1 上 D、E、F、H 各点的正应力；（2）梁的最大正应力；（3）若将截面转 90°（题 8.15 图（c）），则最大正应力是原来正应力的几倍？

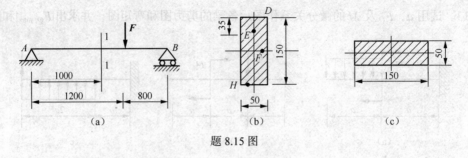

题 8.15 图

8.16 试求图示的梁 1—1 截面上 A、B 两横截面的切应力。

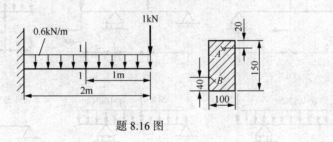

题 8.16 图

8.17 图示简支梁长 L，截面为矩形，其高度为 h，受均布载荷 q 作用。试求最大切应力与最大正应力之比。

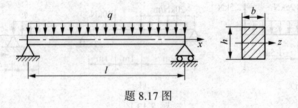

题 8.17 图

8.18 试画出图中各梁挠曲线的大致形状。

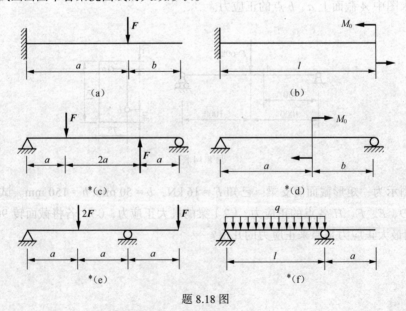

题 8.18 图

8.19 用积分法求图中各梁的转角方程、挠曲线方程以及指定的转角和挠度。已知 EI 为常数。

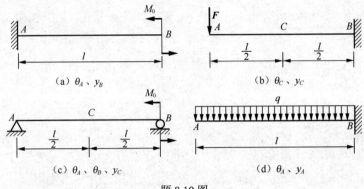

(a) θ_A、y_B

(b) θ_C、y_C

(c) θ_A、θ_B、y_C

(d) θ_A、y_A

题 8.19 图

8.20 用叠加法求图中各梁指定的转角和挠度。已知 EI 为常数。

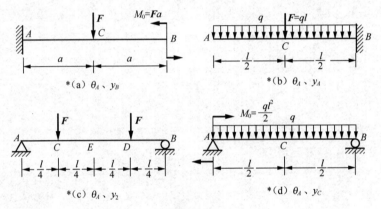

*(a) θ_A、y_B

*(b) θ_A、y_A

*(c) θ_A、y_2

*(d) θ_A、y_C

题 8.20 图

*第9章

应力状态分析和强度理论

本章研究有关应力状态的理论，以及材料在复杂应力作用下的破坏规律即所谓强度理论。

9.1 应力状态的概念

杆件在拉伸和扭转时的斜截面上的应力分析指出，杆内各点应力的大小和方向不仅与该点所处位置有关，而且还与该点所取截面方位有关。过一点所有截面上应力的集合，称为该点的应力状态。为了解决构件在复杂受力情况下的强度问题，必须了解危险点处哪一截面的正应力最大，哪一截面的切应力最大，为此有必要研究一点处各截面应力的变化规律，这就是一点的应力状态分析。

一点的应力状态，通常用单元体来表示。一般情况下，应力在截面上是连续变化的，但由于单元体的边长趋于无限小，所以每个面上的应力可以视为均匀分布，同时每对平行截面的应力大小相等、方向相反，且具有相同的符号，这样三对平行截面的应力就代表该点的应力。

9.2 应力状态的研究方法及分类

9.2.1 应力状态的研究方法

表示构件中一点处应力状态的方法，是用围绕该点截取单元体的方法。首先围绕该点截取微小单元体作为分离体，然后给出此单元体各侧面上的应力。如图 9-1（a）所示，从轴向拉伸杆件中 C 点处截取如图 9-1（b）所示单元体（或用图 9-1（c）表示），根据拉（压）杆件的应力计算公式可知，其左右两侧面上仅有均布正应力，即 $\sigma = F/A$，其他各面上无应力作用。

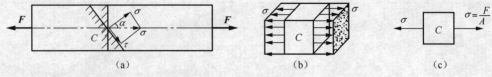

图 9-1　取单元作法研究应力状态

再以如图 9-2（a）所示的悬臂梁为例，在梁上边缘点 A 处截取如图 9-2（b）所示单元体，其左右两侧面上的正应力，可按弯曲正应力公式 $\sigma_{max} = M/W_z$ 算出。在离中性层为 y 的 B 点处截取如图 9-2（c）所示单元体，其左右两侧面上的正应力 σ 和切应力 τ，可由 $\sigma = My/I$ 和 $\tau = F_Q S/Ib$ 求得，再根据切应力互等定理，在上下两个平面上还有切应力 τ。单元体 A、B 的前后两个侧面上都没有应力作用。

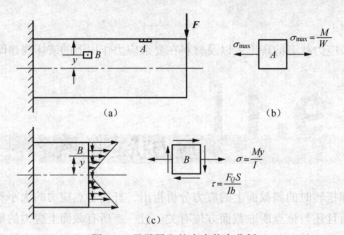

图 9-2　悬臂梁上的应力状态分析

应该指出，所截取的单元体一般都极其微小，可认为单元体各面上的应力是均匀分布的。同时，在两个平行平面上的应力大小相等、方向相反。从所截取的单元体出发，根据其各侧面上的已知应力，借助于截面法和静力平衡条件即可求出。通过这一单元体的任何斜截面上的应力，从而确定此点处的应力状态。这就是研究一点处应力状态的基本方法。

9.2.2　应力状态的分类

在图 9-1 上的 C 点处或图 9-2 上的 A 点处截取单元体，其两侧面上只有正应力，没有切应力。单元体上没有切应力作用的平面，称为主平面；主平面上的正应力，称为主应力。为了研究方便，常将应力状态分 3 类。

1. 单向应力状态

单元体上只有一个主应力不为零的应力状态，称为单向应力状态。例如，轴向拉伸或轴向压缩杆件内任一点的应力状态均属于单向应力状态。

2. 二向应力状态

单元体两个互相垂直的截面上都有主应力的应力状态，称为二向应力状态。例如，横力弯曲梁内任一点（该点不在梁表面）的应力状态均属于二向应力状态。

3. 三向应力状态

单元体 3 个互相垂直的截面上都有主应力的应力状态，称为三向应力状态。例如，钢轨受到机车车轮压力、滚珠轴承受到滚珠压力作用点处属于三向应力状态。

二向应力状态和三向应力状态，又统称为复杂应力状态。

9.3 二向应力状态分析——解析法

9.3.1 二向应力状态的斜截面应力

如图 9-3（a）所示单元体为二向应力状态的一般情况。在单元体上，与 x 轴垂直的平面称为 x 截面，其上作用有正应力 σ_x 和切应力 τ_x；与 y 轴垂直的平面称为 y 截面，其上作用有正应力 σ_y 和切应力 τ_y；与 z 轴垂直的 z 截面上应力为零，该平面是主平面。二向应力状态也可用图 9-3（b）所示的平面单元体来表示。应力的符号规则如前，图中的 σ_x、σ_y 和 τ_x 为正值，τ_y 为负值。

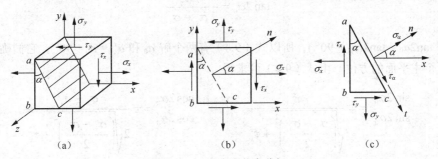

图 9-3　二向应力状态分析

运用截面法可以求出与 z 截面垂直的任意斜截面 ac 上的应力。设斜截面 ac 的外法线 n 与 x 轴的夹角为 α（斜截面 ac 称为 α 截面）。沿 α 截面将单元体分为两部分，保留左下部分，α 截面上的正应力和切应力分别用 σ_α 和切应力 τ_α 表示，如图 9-3（c）所示。设斜截面 ac 的面积为 A_α，则 ab 面和 bc 面的面积分别为 $A_\alpha\cos\alpha$ 和 $A_\alpha\sin\alpha$。考虑左下部分的平衡，列法线 n 和切线 t 方向的平衡方程如下。

$$\sum F_n = 0, \quad \sigma_n A_\alpha - (\sigma_x A_\alpha \cos\alpha)\cos\alpha + (\tau_x A_\alpha \cos\alpha)\sin\alpha$$
$$- (\sigma_y A_\alpha \sin\alpha)\sin\alpha + (\tau_y A_\alpha \sin\alpha)\cos\alpha = 0$$

$$\sum F_t = 0, \quad \tau_y A_\alpha - (\sigma_x A_\alpha \cos\alpha)\sin\alpha + (\sigma_y A_\alpha \sin\alpha)\cos\alpha$$
$$- (\tau_x A_\alpha \cos\alpha)\cos\alpha + (\tau_y A_\alpha \sin\alpha)\sin\alpha = 0$$

注意到 τ_x 和 τ_y 数值上相等，利用三角公式，上两式可简化为

$$\sigma_\alpha = \frac{\sigma_x + \sigma_y}{2} + \frac{\sigma_x - \sigma_y}{2} \cos 2\alpha - \tau_x \sin 2\alpha \qquad (9.1)$$

$$\tau_\alpha = \frac{\sigma_x - \sigma_y}{2} \sin 2\alpha + \tau_x \cos 2\alpha \qquad (9.2)$$

利用式（9.1）和式（9.2）可求得二向应力状态下任意 α 截面上的应力 σ_α 和 τ_α。

9.3.2 主平面与主应力

由式（9.1）可知，斜截面上的正应力 σ_α 的数值随角度 α 而改变，极值正应力作用的平面可由式（9.1）通过导数 $\mathrm{d}\sigma_\alpha/\mathrm{d}\alpha = 0$ 求得，式如

$$\frac{\mathrm{d}\sigma_x}{\mathrm{d}\alpha} = \frac{\sigma_x - \sigma_y}{2}\left(-2\sin 2\alpha\right) - \tau_x\left(2\cos 2\alpha\right) = 0$$

即

$$\frac{\sigma_x - \sigma_y}{2}\sin 2\alpha + \tau_y \cos 2\alpha = 0 \qquad (9.3)$$

将上式与式（9.2）比较可见，极值正应力作用的截面是切应力为零的截面，即主平面，也就是说主平面上的正应力是所有 α 截面上正应力的极值。以 α_0 表示主平面的法线与 x 轴的夹角，由式（9.3）可解得

$$\tan 2\alpha_0 = -\frac{2\tau_x}{\sigma_x - \sigma_y} \qquad (9.4)$$

因为 $\tan 2\alpha_0 = \tan 2(\alpha_0 + 90°)$，所以式（9.4）有两个解 α_0 和 $\alpha'_0 = \alpha_0 + 90°$，它们确定了相互垂直的两个主平面的方位。由式（9.4）可求得

$$\begin{matrix} \sin 2\alpha_0 \\ \sin 2\alpha'_0 \end{matrix} = \mp \frac{\tau_x}{\sqrt{\left(\dfrac{\sigma_x - \sigma_y}{2}\right)^2 + \tau_x^2}} \qquad \begin{matrix} \cos 2\alpha_0 \\ \cos 2\alpha'_0 \end{matrix} = \pm \frac{\sigma_x - \sigma_y}{2\sqrt{\left(\dfrac{\sigma_x - \sigma_y}{2}\right)^2 + \tau_x^2}}$$

将其代入式（9.1）得出对应的主应力为

$$\begin{matrix} \sigma_{\alpha_0} \\ \sigma_{\alpha'_0} \end{matrix} = \frac{\sigma_x + \sigma_y}{2} \pm \sqrt{\left(\frac{\sigma_x - \sigma_y}{2}\right)^2 + \tau_x^2} \qquad (9.5)$$

9.3.3 极值切应力

在复杂应力状态下，切应力的极大值和极小值为

$$\begin{matrix} \tau_{\max} \\ \tau_{\min} \end{matrix} = \pm \sqrt{\left(\frac{\sigma_x - \sigma_y}{2}\right)^2 + \tau_x^2} \qquad (9.6)$$

它们分别作用在相互垂直的两个平面上，并且极值切应力的作用平面与主平面呈 45° 夹角。

9.4 二向应力状态分析——图解法

9.4.1 应力圆的画法与斜截面应力

斜截面上的应力 σ_α 和 τ_α 除了可以用式（9.1）和式（9.2）计算外，还可以用图解法求得。因为式（9.1）和式（9.2）都是 2α 的参数方程，消去 2α 即可得到 σ_α 和 τ_α 之间的函数关系。将式（9.1）右端的第一项 $\dfrac{\sigma_x + \sigma_y}{2}$ 移至方程左端，然后将二式平方后相加，得到

$$\left(\sigma_\alpha - \frac{\sigma_x + \sigma_y}{2}\right)^2 + \tau_\alpha^2 = \left(\frac{\sigma_x - \sigma_y}{2}\right)^2 + \tau_x^2 \tag{9.7}$$

上式是以 σ_α 和 τ_α 为变量的方程，在 $\sigma - \tau$ 直角坐标系中，所表示的曲线是一个圆，圆心 C 的坐标和半径分别是

$$C = \left(\frac{\sigma_x + \sigma_y}{2},\ 0\right), \qquad R = \sqrt{\left(\frac{\sigma_x - \sigma_y}{2}\right)^2 + \tau_x^2} \tag{9.8}$$

该圆上任意一点的坐标都对应单元体上某一个 α 截面上的应力 σ_α 和 τ_α，这个圆称为应力圆，或莫尔（Mohr）圆。

对图 9-4（a）所示单元体，设 $\sigma_x > \sigma_y > 0$，$\tau_x > 0$，可按下列步骤作相应的应力圆。

（1）在 $\sigma - \tau$ 坐标系内，按选定的比例尺量取，$\overline{OA} = \sigma_x$，$\overline{AD_1} = \tau_x$，得到 D_1 点，D_1 点对应于 x 截面。

（2）量取 $\overline{OB} = \sigma_y$，$\overline{BD_2} = -\tau_y$，得到 D_2 点，D_2 点对应于 y 截面。

（3）连接 D_1、D_2 两点，与 σ 轴交于 C 点，以 C 点为圆心，$\overline{CD_1}$ 为半径作圆，即得所求应力圆，如图 9-4（b）所示。

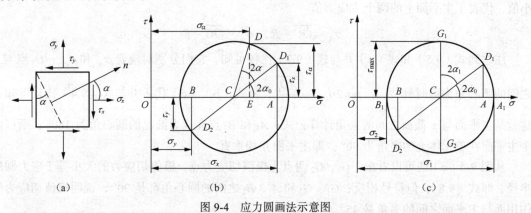

图 9-4 应力圆画法示意图

作出应力圆后，若要确定 α 截面上的应力，可以从 D_1 点开始，按照单元体上 α 角的转向，沿着圆周转过 2α 圆心角，得到 D 点，D 点的横坐标和纵坐标分别是 α 截面上的正应力 σ_α 和切应力 τ_α。证明如下。

在图 9-4（b）中，设 $\overline{AD_1}$ 所对应的圆心角为 $2\alpha_0$，由图可知

$$\overline{OC} = \frac{\overline{OA} + \overline{OB}}{2} = \frac{\sigma_x + \sigma_y}{2}$$

$$\overline{CD} = \overline{CD_1} = \sqrt{\overline{CA}^2 + \overline{AD_1}^2} = \sqrt{\left(\frac{\sigma_x - \sigma_y}{2}\right)^2 + \tau_x^2} \tag{a}$$

$$\overline{CA} = \overline{CD_1}\cos 2\alpha_0 = \frac{\overline{OA} - \overline{OB}}{2} = \frac{\sigma_x - \sigma_y}{2} \tag{b}$$

$$\overline{AD_1} = \overline{CD_1}\sin 2\alpha_0 = \tau_x \tag{c}$$

D 点的横坐标

$$\begin{aligned}
\overline{OE} &= \overline{OC} + \overline{CE} = \overline{OC} + \overline{CD}\cos(2\alpha + 2\alpha_0) = \overline{OC} + \overline{CD_1}\cos(2\alpha + 2\alpha_0) \\
&= \overline{OC} + \overline{CD_1}\cos 2\alpha_0 \cos 2\alpha - \overline{CD_1}\sin 2\alpha_0 \sin 2\alpha \\
&= \frac{\sigma_x + \sigma_y}{2} + \frac{\sigma_x - \sigma_y}{2}\cos 2\alpha - \tau_x \sin 2\alpha
\end{aligned}$$

将上式与式（9.1）比较可知 $\overline{OE} = \sigma_\alpha$。同理可证明 D 点的纵坐标 $\overline{ED} = \tau_\alpha$。

在使用应力圆时，应注意：（1）应力圆上一个点对应于单元体上一个面，点的横坐标和纵坐标分别是该截面的正应力和切应力；（2）应力圆上两点之间的圆心角，等于单元体上两个相应截面所夹角度的 2 倍，而且两点间的走向与相应横截面法线间的转向相同。上述两点可简单总结为点面对应，转向一致，转角加倍。

9.4.2 应力圆上的主应力、主平面和极值切应力

用应力圆可以方便地确定主应力、主平面和极值切应力。从图 9-4（c）可以看出，应力圆与 σ 轴的交点 A_1、B_1 的纵坐标为 O，是主平面所对应的点，其横坐标分别为正应力的最大和最小值，代表了主平面上的两个主应力值

$$\sigma_{A_1} = \overline{OC} + R, \quad \sigma_{B_1} = \overline{OC} - R \tag{d}$$

注意到式（9.5）和式（a）并与式（9.7）比较可知，它们分别对应着 σ_{α_0} 和 $\sigma_{\alpha_0'}$；D_1 点与 A 之间的圆心角为顺时针 $2\alpha_0$，$\tan 2\alpha_0 = -\dfrac{\overline{AD_1}}{\overline{CA}}$，将式（b）、（c）代入并与式（9.4）比较可知，这就是主平面与 x 截面之间的夹角计算公式；A_1 和 B_1 点在应力圆上的圆心角为 $180°$，所以两个主平面在单元体上的夹角为 $90°$，即主平面互相垂直。

从图 9-4（c）还可以看出，G_1、G_2 两点为极值切应力点，极值切应力的大小等于应力圆的半径，即式（9.8），但符号相反；G_1、G_2 和 A_1、B_1 之间的圆心角都是 $90°$，说明极值切应力的作用面与主平面之间的夹角是 $45°$。

另外，任意两个互相垂直的斜截面，对应于应力圆上某一直径的两端点，其切应力必然大

小相等、符号相反，正应力之和为圆心到坐标原点距离 $\overline{OC}$ 的 2 倍；极值切应力作用的两个截面上，其正应力相等，且都为 $\overline{OC}$。

解析法的式（9.1）至式（9.8）都可通过应力圆得到，但是应力圆对单元体上各种应力特征的形象描述，比解析法更为深刻，也便于记忆公式。以应力圆为辅助工具，根据图中的几何关系进行定量计算的方法称为图解解析法。

9.5 强度理论

9.5.1 强度理论的概念

构件在轴向拉（压）和纯弯曲时危险点都是单向应力状态，通过单向拉（压）试验得到破坏时的正应力，除以相应的安全因数得到许用应力即可建立强度条件；构件扭转时危险点处于纯剪切应力状态，两个主应力绝对值都等于横截面上的最大切应力，通过扭转试验得到破坏时的切应力，由此得到许用切应力即可建立强度条件；构件在剪切弯曲时，危险点一般为单向应力状态，仍可通过单向拉（压）试验直接建立强度条件。

然而，工程中许多构件的危险点经常处于复杂应力状态，由于复杂应力状态单元体的 3 个主应力可以有无限多个组合；同时，进行复杂应力状态的试验设备和试件加工相当复杂，因此要想通过直接试验来建立强度条件实际上是不可能的。所以需要寻找新的途径，利用简单应力状态的试验结果建立复杂应力状态下的强度条件。

通过长期的实践、观察和分析，人们发现在复杂应力状态下，材料破坏有一定的规律，对于不同的材料，引起破坏的主要原因各不相同，但大致可以分为两类，一类是脆性断裂，一类是塑性屈服，统称为强度失效。进一步研究表明，不同的强度失效现象总是和一定的破坏原因有关，综合分析各种失效现象，人们提出了许多关于强度失效原因的假说，这些假说认为在不同应力状态下，材料的某种强度失效主要是由于某种应力或应变或其他因素引起的，按照这类假说，可以由简单应力状态的试验结果，建立复杂应力状态下的强度条件。这样的假说当然必须经受科学实验和工程实际的检验，得到普通认同的假说就被称为强度理论。

9.5.2 基本强度理论

1. 第一强度理论（最大拉应力强度理论）

这个理论认为，材料发生断裂破坏的主要因素是最大拉应力。即构件危险点处的最大拉应力 $\sigma_{max} = \sigma_1$ 达到某一极限值时，就会引起材料的断裂破坏。这个极限值为通过拉伸试验测得的强度极限 σ_b。于是可得断裂条件为

$$\sigma_1 = \sigma_b$$

将 σ_b 除以安全系数 n 后，可得材料的许用拉应力$[\sigma]$。按此理论建立的复杂应力状态下的强度条件为

$$\sigma_1 \leqslant [\sigma] \tag{9.9}$$

2. 第二强度理论（最大拉应变强度理论）

这个理论认为，引起材料发生脆性断裂的主要因素是最大拉应变 ε_{max}。即在复杂应力状态下构件危险点处的最大拉应变 ε_{max} 达到简单拉伸试验破坏时的线应变 ε_0 的数值，材料就发生脆性断裂。设达到破坏前，材料服从胡克定律，利用式（9.6）计算 ε_{max}，可得断裂条件

$$\frac{1}{E}\left[\sigma_1 - \mu(\sigma_2 + \sigma_3)\right] = \frac{\sigma_b}{E}$$

即

$$\sigma_1 - \mu(\sigma_2 + \sigma_3) = \sigma_b$$

考虑安全系数后，这个强度理论的强度条件为

$$\sigma_1 - \mu(\sigma_2 + \sigma_3) \leqslant \sigma_b \tag{9.10}$$

3. 第三强度理论（最大切应力强度理论）

这个理论认为，使材料发生屈服破坏的主要因素是最大切应力 τ_{max}。即当构件的最大切应力 τ_{max} 达到某一极限值 τ_0 时，就会引起材料的屈服而被破坏。复杂应力状态下的最大切应力 τ_{max} 可由式（9.6）计算，即

$$\tau_{max} = \frac{\sigma_1 - \sigma_3}{2}$$

τ_0 可以通过简单拉伸测试得，其值为试件达到屈服时应力 σ_s 的一半，

即

$$\tau_0 = \frac{\sigma_s}{2}$$

于是，破坏条件（又称屈服条件）可表示为

$$\frac{\sigma_1 - \sigma_3}{2} = \frac{\sigma_s}{2} \qquad \text{或} \qquad \sigma_1 - \sigma_3 = \sigma_s$$

考虑安全系数后，按此理论所建立的复杂应力状态下的强度条件为

$$\sigma_1 - \sigma_3 \leqslant [\sigma] \tag{9.11}$$

4. 第四强度理论（歪形能强度理论）

此理论不是从应力出发，而是从变形能的角度来建立强度理论。受力构件体积内积蓄了歪形能（即形状改变比能）和体积改变比能。该理论认为，歪形能是引起材料破坏的主要因素。只要构件内部积蓄的歪形能达到某一极限值时，材料就发生屈服破坏。而这个极限值可通过简单拉伸试验求得。复杂应力状态下的歪形能可按下式计算

$$u_d = \frac{1+\mu}{6E}\left[(\sigma_1 - \sigma_2)^2 + (\sigma_2 - \sigma_3)^2 + (\sigma_3 - \sigma_1)^2\right]$$

通过简单拉伸试验测得材料的屈服极限 σ_s 后，再令 $\sigma_2 = \sigma_3 = 0$ 及 $\sigma_1 = \sigma_s$ 代入上式，可得材料屈服时的歪形能，即

$$\frac{1+\mu}{6E}\left(2\sigma_1^2\right)=\frac{1+\mu}{3E}\sigma_1^2=\frac{1+\mu}{3E}\sigma_s^2$$

破坏条件（或叫屈服条件）为

$$\frac{1+\mu}{6E}\left[\left(\sigma_1-\sigma_2\right)^2+\left(\sigma_2-\sigma_3\right)^2+\left(\sigma_3-\sigma_1\right)^2\right]=\frac{1+\mu}{3E}\sigma_s^2$$

即

$$\left\{\frac{1}{2}\left[\left(\sigma_1-\sigma_2\right)^2+\left(\sigma_2-\sigma_3\right)^2+\left(\sigma_3-\sigma_1\right)^2\right]\right\}^{\frac{1}{2}}=\sigma_s$$

再将 σ_s 除以安全系数 n，可得强度条件为

$$\sqrt{\frac{1}{2}\left[\left(\sigma_1-\sigma_2\right)^2+\left(\sigma_2-\sigma_3\right)^2+\left(\sigma_3-\sigma_1\right)^2\right]}\leqslant[\sigma] \qquad (9.12)$$

9.5.3　强度理论的应用

一般来说，处于复杂应力状态并在常温和静载条件下的脆性材料，多发生断裂破坏，所以通常采用最大拉应力强度理论。塑性材料多发生屈服破坏，所以采用最大切应力强度理论，或歪形能强度理论；前者表达式比较简单，后者用于设计可得较为经济的截面尺寸。根据材料来选择相应的强度理论，在多数情况下是合适的。但是，材料的脆性或塑性还与应力状态有关。例如三向拉伸或三向压缩应力状态，将会影响材料产生不同的破坏形式。因此，也要注意到少数特殊情况下，还须按可能发生的破坏形式和应力状态，来选择适宜的强度理论，对构件进行强度计算。例如在三向拉伸应力状态情况下，不论是脆性材料还是塑性材料，都应该采用最大拉应力强度理论或莫尔强度理论；在三向压缩应力状态的情况下，不论是脆性材料还是塑性材料，都应采用最大切应力理论或歪形能强度理论。此外，如铸铁这类脆性材料，在二向拉伸应力状态的情况下，以及在二向拉伸压缩应力状态且拉应力较大的情况下，宜采用最大拉应力理论。

本章小结

本章介绍了两部分内容：首先重点研究了平面应力状态理论，然后对二向应力状态做了一般介绍，最后重点介绍了4种常见的强度理论及其应用。

1. 基本概念

（1）应力状态：过一点所有截面上应力的集合，称为该点的应力状态。

（2）应力状态的分类：单向应力状态、二向应力状态、三向应力状态。

（3）应力圆：该圆上任意一点的坐标都对应单元体上某一个 α 截面上的正应力 σ_α 和切应力 τ_α，这个圆称为应力圆。

（4）图解解析法：以应力圆为辅助工具，根据图中的几何关系进行定量计算的方法称为图解解析法。

（5）强度失效：大致可以分为两类，一类是脆性断裂，另一类是塑性屈服。

2．基本强度理论

（1）第一强度理论（最大拉应力强度理论）。

（2）第二强度理论（最大拉应变强度理论）。

（3）第三强度理论（最大切应力强度理论）。

（4）第四强度理论（歪形能强度理论）。

思考与练习

9.1　什么叫主平面和主应力？主应力与正应力有什么区别？

9.2　广义上的胡克定律的适用条件是什么？

9.3　材料破坏的基本形式是什么？低碳钢和铸铁在拉伸和压缩时的破坏形式有何不同？

9.4　一拉伸试件，直径 $d = 2\text{cm}$，当在 45° 斜截面上的切应力 $\tau = 150\,\text{MPa}$ 时，其表面上将出现滑移线。试求此时试件的拉力 F。

9.5　已知单元体的应力状态如题 9.5 图（a）、（b）、（c）所示，试求指定斜截面上的应力。

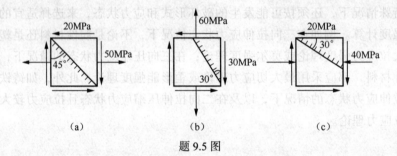

题 9.5 图

9.6　已知单元体的应力状态如题 9.6 图（a）、（b）、（c）和（d）所示（应力单位是 MPa）。试用解析法和应力圆求：（1）主应力值和主平面位置，并画在单元体上；（2）最大切应力值。

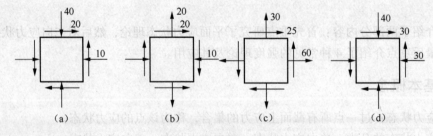

题 9.6 图

9.7　已知图中各单元体（a）、（b）、（c）和（d）的应力状态（应力单位是 MPa）。求最大主应力和最大切应力。

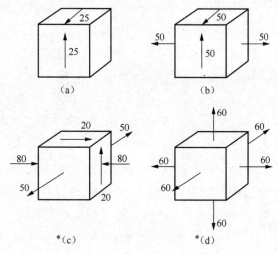

题 9.7 图

9.8　如题 9.8 图所示，一粗纹木块，如果沿木纹方向的切应力大于 5 MPa 时，就会沿木纹剪裂。若 $\sigma_y = 8$ MPa，试问不使木块发生断裂，σ_x 的值应在什么范围内？

9.9　如图所示，两块楔形材料，粘合成正立方体，如果粘合处的拉应力大于 1.5MPa 就会分裂。若 $\sigma_x = 0.8$ MPa，$\tau = 0.5$ MPa，问 σ_y 的最大值可为多少？

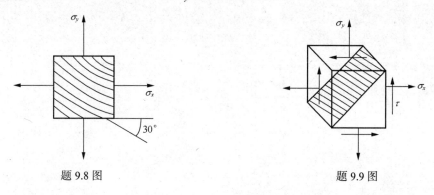

题 9.8 图　　　　　　　　　　　　题 9.9 图

9.10　有一低碳钢构件，已知许用应力 $[\sigma] = 120$ MPa，试选择合适的强度理论校核构件的强度。危险点处主应力分别如下。

（1）$\sigma_1 = -50$ MPa，$\sigma_2 = -70$ MPa，$\sigma_3 = -160$ MPa。

（2）$\sigma_1 = 60$ MPa，$\sigma_2 = 0$，$\sigma_3 = -50$ MPa。

9.11　有一铸铁构件，已知许用拉应力 $[\sigma] = 30$ MPa，$\dfrac{[\sigma_T]}{[\sigma_C]} = 0.3$，试对构件进行强度校核。其危险点处主应力分别如下。

（1）$\sigma_1 = 30$ MPa，$\sigma_2 = 20$ MPa，$\sigma_3 = 15$ MPa。

（2）$\sigma_1 = 25$ MPa，$\sigma_2 = 0$，$\sigma_3 = -20$ MPa。

第10章

组合变形

前面各章分别研究了构件在拉伸（或压缩）、剪切、扭转和弯曲等基本变形时的强度和刚度问题。在工程实际问题中，还有许多构件在外力作用下将产生两种或两种以上的基本变形的组合情况。例如，图 10-1 中的机架立柱在力 F 作用下将同时产生拉伸与弯曲的变形组合；图 10-2 中所示的传动轴在皮带轮张力 F_T 和转矩 M_0 作用下将同时产生弯曲与扭转变形的组合等。

构件在外力作用下同时产生两种或两种以上基本变形的情况称为组合变形。当构件处于组合变形时，可首先将其分解为若干基本变形的组合，并计算出相应于每种基本变形的应力，然后将所得结果叠加，即得构件在组合变形时的应力。

组合变形包括弯拉（压）组合、弯扭组合、拉（压）扭组合与弯拉（压）扭组合等多种形式，本章主要研究构件在弯拉（压）组合与弯扭组合变形时的强度计算，其分析方法同样适用于其他组合变形形式。

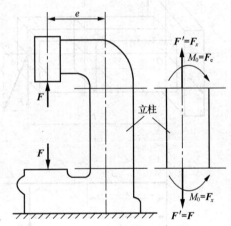

图 10-1　机架立柱的拉伸与弯曲组合变形

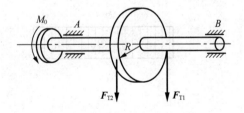

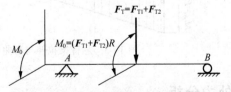

图 10-2　传动轴的弯曲与扭转组合变形

10.1 拉伸（压缩）与弯曲组合变形的强度计算

拉伸（压缩）与弯曲的组合变形，是工程实际中常见的组合变形情况。现以矩形截面梁为例说明其应力的分析方法。

设一悬臂梁如图 10-3（a）所示，外力 F 位于梁的纵向对称面 Oxy 内且与梁的轴线 x 成一角度 ϕ。

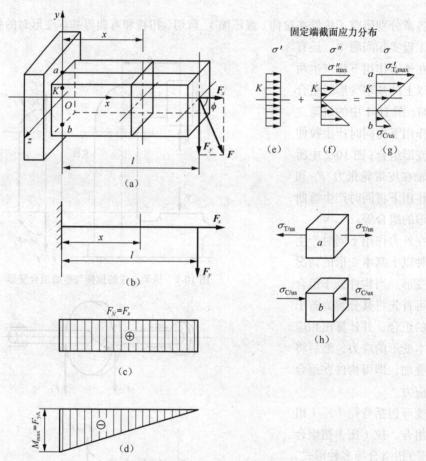

图 10-3　悬臂梁拉伸与弯曲组合变形时的应力分析

1. 外力分析

将外力 F 沿 x 轴和 y 轴方向分解，可得两个分力 F_x 和 F_y，如图 10-3（b）所示，即

$$F_x = F\cos\phi, \qquad F_y = F\sin\phi$$

其中分力 F_x 为轴向拉力，在此力单独作用下将使梁产生轴向拉伸，在任一横截面上的轴力 F_{N_x} 为

常量，其值为

$$F_{N_x} = F_x = F \cos \phi$$

横向力 F_y 将使梁在纵向对称面内产生平面弯曲，在距左端为 x 的截面上，其弯矩为

$$M_x = -F_y (l - x)$$

于是，梁的变形为轴向拉伸和平面弯曲的组合。

2. 内力分析

如图 10-3（c）、（d）所示为分力 F_x、F_y 单独作用下的梁的轴力图和弯矩图（剪力略去）。由图可见，固定端截面是危险截面，在此截面上的轴力和绝对值最大的弯矩分别为

$$F_{N_x} = F \cos \phi, \qquad M_{max} = F_y \cdot l$$

3. 应力分析

在危险截面上的各点处与轴力 F_{N_x} 相对应的拉伸正应力 σ' 是均匀分布的，其值为

$$\sigma' = \frac{F_N}{A}$$

而在危险截面上各点处与弯矩 M_{max} 相对应的弯曲正应力 σ'' 是按线性分布的，其值为

$$\sigma'' = \frac{M_{max} \cdot y}{I}$$

应力 σ' 和 σ'' 的正、负号可根据变形情况直观确定。拉应力时取正号，压应力时取负号，例如图 10-3（a）中的 K 点，其 σ'、σ'' 均为拉应力，故应取正号。

应力 σ'、σ'' 沿截面高度方向的分布规律如图 10-3（e）、（f）所示。若将危险截面上任一点处的两个正应力 σ'、σ'' 叠加，可得在外力 F 作用下危险截面上任一点处总的应力为 $\sigma = \sigma' + \sigma''$，或

$$\sigma = \frac{F_N}{A} + \frac{M \cdot y}{I_z} \tag{10.1}$$

式（10.1）表明：正应力 σ 是距离 y 的一次函数，故正应力 σ 沿截面高度按直线规律变化，若最大弯曲正应力 σ''_{max} 大于拉伸正应力 σ' 时，应力叠加结果如图 10-3（g）所示。显然，中性轴向下平移了一段距离，危险点位于梁固定端的上、下边缘处（例如图 10-3（a）中的 a、b 两点处）且为单向应力状态，如图 10-3（h）所示，其最大拉应力 $\sigma_{T.\,max}$ 和最大压应力 $\sigma_{C.\,max}$ 分别为

$$\sigma_{T,max} = \frac{F_N}{A} + \frac{M_{max}}{W_z} \tag{10.2}$$

$$\sigma_{C,max} = \frac{F_N}{A} - \frac{M_{max}}{W_z} \tag{10.3}$$

当轴向分力 F_x 为压力时，式（10.2）和式（10.3）中等号右边第一项均应冠以负号。

4. 强度计算

拉伸（压缩）与弯曲组合时的强度计算有以下两种情况。

（1）对抗拉、抗压强度相同的塑性材料，例如低碳钢等，可只验算构件上的应力绝对值最

大处的强度

$$\sigma_{\max} = \left| \pm \frac{F_N}{A} \pm \frac{M_{\max}}{W_z} \right| \leqslant [\sigma] \qquad (10.4)$$

（2）对抗拉、抗压强度不同的脆性材料，例如铸铁、混凝土等应分别验算构件上的最大拉应力和最大压应力的强度

$$\left. \begin{aligned} \sigma_{T,\max} &= \left| \pm \frac{F_N}{A} + \frac{M_{\max}}{W_T} \right| \leqslant [\sigma_T] \\ \sigma_{C,\max} &= \left| \pm \frac{F_N}{A} - \frac{M_{\max}}{W_C} \right| \leqslant [\sigma_C] \end{aligned} \right\} \qquad (10.5)$$

例 10-1 AB 梁的横截面为正方形，其边长 $a = 100$ mm，受力及长度尺寸如图 10-4（a）所示。若已知 $F = 3$ kN，材料的拉、压许用应力相等，且 $[\sigma] = 10$ MPa，试校核梁的强度。

解：画出 AB 梁的受力图，如图 10-4（b）所示，将外力 F 沿 x、y 轴方向分解，得

$$F_x = F\cos\theta = 3 \times \frac{1000}{1250} = 2.4 \text{ kN}$$

$$F_y = F\sin\theta = 3 \times \frac{\sqrt{1250^2 - 1000^2}}{1250} = 1.8 \text{ kN}$$

在轴向力 F_{xA} 和 F_x 作用下，梁 AC 段产生轴向压缩，轴力图如图 10-4（c）所示；在横向力 F_{yA}、F_{yB}、F_y 作用下，梁产生平面弯曲，弯矩图如图 10-4（d）所示。于是，梁 AC 段承受压缩与弯曲的组合变形，由内力图可以看出，C 截面为危险截面，其内力为

$$F_N = -2.4 \text{ kN}, \qquad M_{\max} = 1125 \text{ kN} \cdot \text{m}$$

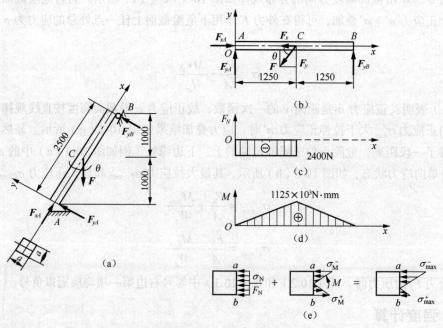

图 10-4　拉伸与弯曲组合变形时的轴力图、弯矩图及应力分析

计算后得出截面面积为 $A=1.0 \times 10^4 \ mm^2$，抗弯截面模量 $W_z = \dfrac{100 \times 100^2}{6} \ mm^3$。由于材料的拉、压许用应力相等，且 F_N 为压力。按式（10.5）进行强度计算

$$\left| \sigma_{C,\max} \right| = \left| -\frac{F_A}{A} - \frac{M_{\max}}{W_z} \right| = \left| \frac{-2.4 \times 10^3}{1.0 \times 10^4} - \frac{1125 \times 10^3}{100^3/6} \right| = 6.99 \ MPa < [\sigma]$$

故梁是安全的。

10.2 弯曲与扭转组合变形的强度计算

弯曲与扭转组合变形在机械工程中是很常见的，例如皮带轮传动轴、齿轮轴、曲柄轴等轴类构件，在传递扭矩的同时往往还发生弯曲变形。

如图 10-5（a）所示水平直角曲拐，AB 段为圆杆，受集中力 F 作用。将 F 向 AB 杆的 B 端截面形心简化，得到横向力 F 和扭转力偶 Fa，AB 段的受力简图如图 10-5（b）所示。AB 杆发生弯曲和扭转组合变形，其扭矩图和弯矩图如图 10-5（c）所示。显然 A 截面是危险截面，其扭矩和弯矩分别为

$$M_T = M_0 = Fa \qquad M_{\max} = Fl$$

扭矩产生的切应力和弯矩产生的正应力分布如图 10-5（d）所示。由图中可以看出，上下两边缘的 k_1、k_2 两点切应力和正应力的绝对值同时取得最大值

$$\tau = \frac{M_T}{W_p}, \qquad \sigma = \frac{M_{\max}}{W_z} \qquad\qquad （a）$$

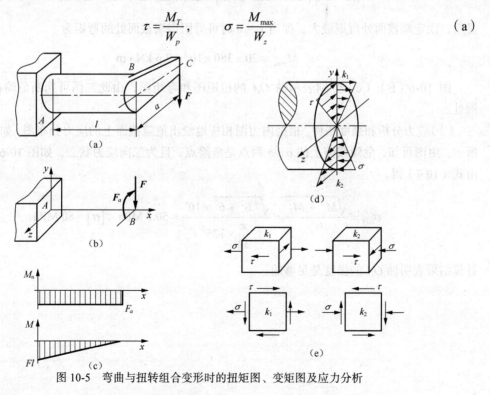

图 10-5 弯曲与扭转组合变形时的扭矩图、变矩图及应力分析

因而是危险点,其应力状态如图 10-5(e)所示。

对于这种二向应力状态,应按强度理论建立强度条件。三个主应力分别为

$$\sigma_1 = \frac{\sigma}{2} + \sqrt{\left(\frac{\sigma}{2}\right)^2 + \tau^2}, \qquad \sigma_2 = 0, \qquad \sigma_3 = \frac{\sigma}{2} - \sqrt{\left(\frac{\sigma}{2}\right)^2 + \tau^2}$$

对于塑性材料,通常选第三或第四强度理论,强度条件分别为

$$\sigma_{r3} = \sqrt{\sigma^2 + 4\tau^2} \leqslant [\sigma], \qquad \sigma_{r4} \leqslant \sqrt{\sigma^2 + 3\tau^2} \leqslant [\sigma] \tag{10.6}$$

将式(a)代入式(10.6)并注意到 $W_p = 2W_z$,得到圆杆弯扭组合变形以内力表示的强度条件

$$\sigma_{r3} = \frac{1}{W_z}\sqrt{M^2 + M_n^2} \leqslant [\sigma], \qquad \sigma_{r4} = \frac{1}{W_z}\sqrt{M^2 + 0.75\,M_n^2} \leqslant [\sigma] \tag{10.7}$$

工程中除了弯扭组合的杆件外,还有拉(压)与扭转的组合,或者拉压、弯曲与扭转的组合变形,运用相同的分析方法,仍可用式(10.6)进行强度计算。

例 10-2 折杆 $OABC$ 如图 10-6(a)所示,已知 $F = 20$ kN,其方向与折杆平面垂直,杆 OA 的直径 $d = 125$ mm,许用应力[σ] = 80 MPa,试校核圆轴 OA 的强度。

解:(1)外力和内力分析。外力 F 对 x 轴之矩使轴 OA 产生扭转,同时力 F 还将使轴 OA 在 Oxz 平面内弯曲,因此,轴 OA 的变形为弯曲与扭转的组合变形。

轴 OA 任一横截面上的扭矩和弯矩分别为

$$M_T = 300 F = 300 \times 10^{-3} \times 20 = 6 \text{ kN·m}$$

$$M = F\left[(230 + 150) - x\right] = 20(380 - x) \times 10^{-3} \text{ kN·m}$$

显然,固定端截面处弯矩最大。即当 $x = 0$ 时可得固定端截面处的弯矩为

$$M_{\max} = 20 \times 380 \times 10^{-3} = 7.6 \text{ kN·m}$$

图 10-6(b)、(c)分别表示轴 OA 的扭矩图和弯矩图,由此二图可判断危险截面在固定端处。

(2)应力分析和强度条件。根据内力图相应地绘出危险截面上的应力分布图,如图 10-6(d)所示。由图可知,危险截面上的 a、b 两点是危险点,且为二向应力状态,如图 10-6(e)所示,由式(10.7)得

$$\sigma_{eq3} = \frac{\sqrt{M^2 + M_T^2}}{W_z} = \frac{\sqrt{7.6^2 + 6^2} \times 10^6}{\dfrac{\pi}{32} \times 125^3} = 50.5 \text{ MPa} < [\sigma] = 80 \text{ MPa}$$

计算结果表明轴 OA 的强度是足够的。

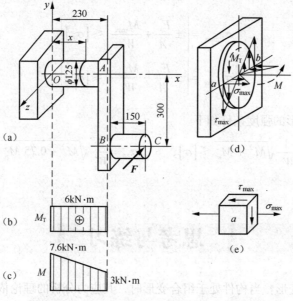

图 10-6 折杆的扭矩图、弯矩图及应力分析

本章小结

本章主要介绍运用力的独立作用原理解决构件拉（压）与弯曲的组合变形及弯曲与扭转组合变形的强度计算问题。

1. 基本概念

组合变形：构件在外力作用下同时产生两种或两种以上基本变形的情况称为组合变形。

2. 相关计算公式及强度条件

（1）总应力的计算：$\sigma = \sigma' + \sigma'' = \dfrac{F_N}{A} + \dfrac{M \cdot y}{I_z}$，$\sigma'$ 为拉伸正应力；σ'' 为弯曲正应力。

（2）拉伸（压缩）与弯曲组合时的强度计算有以下两种情况。

① 对抗拉、抗压强度相同的塑性材料，例如低碳钢等，可只验算构件上的应力绝对值最大处的强度

$$\sigma_{\max} = \left| \pm \frac{F_N}{A} \pm \frac{M_{\max}}{W_z} \right| \leqslant [\sigma]$$

② 对抗拉、抗压强度不同的脆性材料，例如铸铁、混凝土等应分别验算构件上的最大拉应力和最大压应力的强度

$$\left. \begin{array}{l} \sigma_{T,\max} = \left| \pm \dfrac{F_N}{A} + \dfrac{M_{\max}}{W_T} \right| \leqslant [\sigma_T] \\[3mm] \sigma_{C,\max} = \left| \pm \dfrac{F_N}{A} - \dfrac{M_{\max}}{W_C} \right| \leqslant [\sigma_C] \end{array} \right\}$$

（3）弯扭组合变形的强度条件如下。

$$\sigma_{r3} = \frac{1}{W_z}\sqrt{M^2 + M_n^2} \leqslant [\sigma], \qquad \sigma_{r4} = \frac{1}{W_z}\sqrt{M^2 + 0.75\,M_n^2} \leqslant [\sigma]$$

思考与练习

10.1　何谓组合变形？当构件处于组合变形时，其应力分析的理论依据是什么？

10.2　分析图（a）、（b）中杆 AB、BC 和 CD 分别是哪几种基本变形的组合？

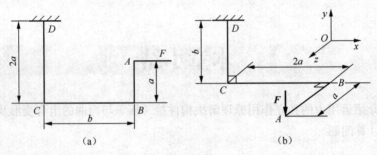

题 10.2 图

10.3　比较拉（压）扭组合与弯扭组合变形时，构件的内力、应力和强度条件有何异同？

10.4　图示吊架的横梁 AC 是由 16 号工字钢制成，已知力 F = 10 kN，若材料的许用应力[σ]= 160 MPa。试校核横梁 AC 的强度。

10.5　图示构件为中间开有切槽的短柱，未开槽部分的横截面是边长为 2a 的正方形，开槽部分的横截面为图中有阴影线的 a×2a 矩形。若沿未开槽部分的中心线作用轴向压力，试确定开槽部分横截面上的最大正应力与未开槽时的比值。

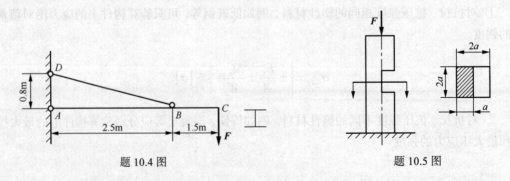

题 10.4 图　　　　　　　　题 10.5 图

10.6　压力机框架如题 10.6 图所示，材料为铸铁，许用拉应力[σ]$_T$ = 30 MPa，许用压应力

$[\sigma]_C = 80\text{MPa}$，已知力 $F = 12$ kN。试校核该框架的强度。

10.7 链环直径 $d = 50$ mm，受到拉力 $F = 10$ kN 作用，如题 10.7 图所示。试求链环的最大正应力及其位置。如果链环的缺口焊好后，则链环的正应力将是原来最大正应力的几分之几？

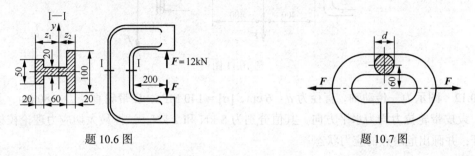

题 10.6 图   题 10.7 图

10.8 图示一梁 AB，其跨度为 6 m，梁上铰接一桁架，力 $F = 10$ kN 平行于梁轴线且作用于桁架 E 点，若梁横截面为 100 mm × 200 mm，试求梁中最大拉应力。

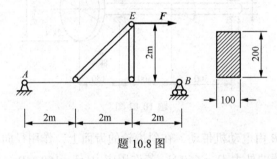

题 10.8 图

10.9 矩形截面梁如题 10.9 图所示，已知 $F = 10$ kN，$\varphi = 15°$，求最大正应力。

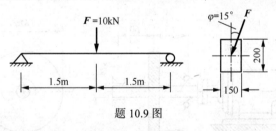

题 10.9 图

10.10 在图示的轴 AB 上装有两个轮子，作用在轮子上的力有 $F = 3$ kN 和 Q，设此二力系处于平衡状态，轴的许用应力 $[\sigma] = 60$ MPa，试按最大切应力强度理论选择轴的直径 d。

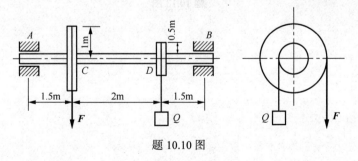

题 10.10 图

10.11 手摇绞车车轴横截面为圆形，如图所示。其直径 $d = 3$ cm，已知许用应力 $[\sigma] = 80\text{MPa}$，试根据最大切应力理论和最大歪形能理论计算最大的许可起吊重量 F。

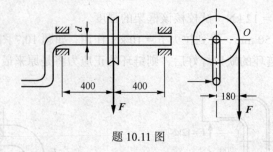

题 10.11 图

10.12　图示为一传动轴，直径为 $d = 6$ cm，$[\sigma] = 140$ MPa，皮带轮直径 $D = 80$ cm，重量为 2 kN，设皮带轮拉力均为水平方向，其值分别为 8 kN 和 2 kN。试按最大切应力理论校核该轴的强度，并画出危险点的应力状态。

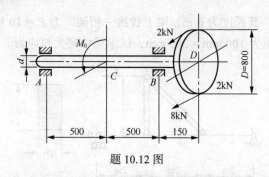

题 10.12 图

10.13　图示的轴 AB 由电动机带动，在斜齿轮的齿面上，作用径向力 $F_r = 740$ N，切向力 $F_t = 1.9$ kN 和平行于轴线的外力 $F_x = 660$ N。若许用应力 $[\sigma] = 160$ MPa。试按最大歪形能理论校核该轴的强度。

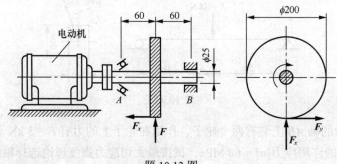

题 10.13 图

第三篇

运动学和动力学

第三篇

第 **11** 章

质点的运动学

点的运动是研究一般物体运动的基础，又具有独立的应用意义。当物体的大小和形状在运动构成中不起主要作用时，物体的运动可简化为点的运动。本章介绍点的运动学，包括点的运动方程、点的运动轨迹、速度和加速度等。

11.1 矢量法

11.1.1　点的运动方程

设有一动点 A 相对某参考系 $Oxyz$ 运动，如图 11-1 所示，有坐标原点 O 向动点 M 作一矢量即 r，则称其为动点 A 的矢径。动点 A 在坐标系中的位置由矢径 r 唯一的确定。动点运动时，矢径 r 的大小、方向随时间 t 的变化而改变，故矢径 r 可写为时间的单值连续函数，即

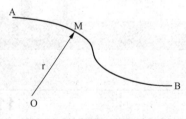

图 11-1　点的运动

$$r=r（t）\qquad（11.1）$$

式（11.1）称为点的矢量形式运动方程。

当点运动时，矢量 r 末端在空间所描述出的曲线称为动点的运动轨迹。

11.1.2　点的速度

如图 11-2 所示，t 瞬时动点 M 位于 P 点，矢径为 r，经过时间间隔Δt后的瞬时 t'，动点 M 位于 P' 点，矢径为 r'，矢径的变化为$\Delta r=r'-r$ 称为动点 M 经过时间间隔Δt 的位移，动点 M 经过时间间隔Δt 的平均速度，用 r' 表示，即

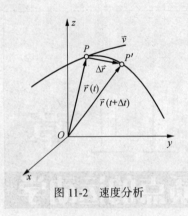

图 11-2　速度分析

$$v^* = \frac{\Delta \boldsymbol{r}}{\Delta t}$$

平均速度 v^* 与 $\Delta \boldsymbol{r}$ 同向。

平均速度的极限为点在 t 瞬时的速度，即

$$v = \lim_{\Delta t \to 0} v^* = \frac{\mathrm{d}\boldsymbol{r}}{\mathrm{d}t} \qquad (11.2)$$

点的速度等于动点的矢径 $\boldsymbol{r}$ 对时间的一阶导数。它是矢量，其大小表示动点运动的快慢，方向沿轨迹曲线的切线，并指向前进一侧。速度单位是米/秒（m/s）。

11.1.3　点的加速度

与点的速度一样，点的加速度是描述点的速度大小和方向变化的物理量。即

$$a = \lim_{\Delta t \to 0} a' = \frac{\mathrm{d}\boldsymbol{v}}{\mathrm{d}t} = \frac{\mathrm{d}^2 \boldsymbol{r}}{\mathrm{d}t^2} \qquad (11.3)$$

式中：a'——动点的平均加速度；a——动点在 t 瞬时的加速度。

点的加速度等于动点的速度对时间的一阶导数，也等于动点的矢径对时间的二阶导数。它是矢量，其大小表示速度的变化快慢，其方向沿速度矢端迹的切线。加速度单位为米/秒^2（m/s^2）。

为了方便书写采用简写方法，即一阶导数用字母上方加 "·"，二阶导数用字母上方加 "··" 表示，即上面的物理量记为

$$v = \dot{\boldsymbol{r}} \qquad a = \dot{\boldsymbol{v}} = \ddot{\boldsymbol{r}} \qquad (11.4)$$

11.2
直角坐标法

11.2.1　点的运动方程

每个瞬时动点在空间的位置还可用他的 3 个坐标 x、y、z 唯一确定，如图 11-3 所示。每当点 M 运动时，3 个坐标都随时间而变化，它们都是时间的单值连续函数，即

$$\begin{cases} x = f_1(t) \\ y = f_2(t) \\ z = f_3(t) \end{cases} \qquad (11.5)$$

式（11.5）称为动点直角坐标形式的运动方程。

如果知道了点的运动方程，就可以求出任一瞬时点的坐标 x、y、z 的值，也就完全确定了该瞬时动点的位置。

在工程中，经常遇到点在某平面内运动的情形，此时点的轨迹为一平面曲线。取轨迹所在

的平面为坐标平面 Oxy，则可得轨迹方程为 $f(x,y)=0$；若动点做直线运动，轨迹方程为运动方程 $x=f(t)$。动点运动方程的矢量形式与直角坐标形式之间的关系是

$$r(t) = x(t)i + y(t)j + z(t)k \tag{11.6}$$

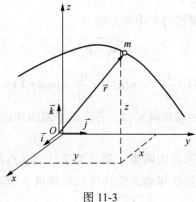

图 11-3

11.2.2　点的速度

由式（11.2）得动点的速度，其中 i、j、k 是直角坐标轴的单位常矢量，则有

$$v = \dot{x}(t)i + \dot{y}(t)j + \dot{z}(t)k \tag{11.7}$$

速度的解析形式为

$$v = v_x i + v_y j + v_z k \tag{11.8}$$

比较式（11.7）和式（11.8）得速度在直角坐标轴上的投影为

$$v_x = \frac{dx}{dt} = \dot{x}(t) \quad v_y = \frac{dy}{dt} = \dot{y}(t) \quad v_z = \frac{dz}{dt} = \dot{z}(t) \tag{11.9}$$

因此，速度在直角坐标轴上的投影等于动点所对应的坐标对时间的一阶导数。

若已知速度投影，则速度的大小和方向为

$$v = \sqrt{v_x^2 + v_y^2 + v_z^2}$$

$$\cos(v,i) = \frac{v_x}{v} \quad \cos(v,j) = \frac{v_y}{v} \quad \cos(v,k) = \frac{v_z}{v} \tag{11.10}$$

11.2.3　点的加速度

同理，由式（11.3）得动点的加速度为

$$a = \frac{dv}{dt} = \dot{v}_x i + \dot{v}_y j + \dot{v}_z k \tag{11.11}$$

加速度的解析形式

$$a = a_x i + a_y j + a_z k \tag{11.12}$$

则加速度在直角坐标轴上的投影为

$$a_x = \frac{\mathrm{d}v_x}{\mathrm{d}t} = \dot{v}_x = \ddot{x}(t) \quad a_y = \frac{\mathrm{d}v_y}{\mathrm{d}t} = \dot{v}_y = \ddot{y}(t) \quad a_z = \frac{\mathrm{d}v_z}{\mathrm{d}t} = \dot{v}_z = \ddot{z}(t) \qquad (11.13)$$

加速度在直角坐标轴上的投影等于速度在同一坐标轴上的投影对时间一阶导数，也等于动点所对应的坐标对时间二阶导数。

若已知加速度投影，则加速度的大小和方向为

$$a = \sqrt{a_x^2 + a_y^2 + a_z^2}$$

$$\cos(a,i) = \frac{a_x}{a} \quad \cos(a,j) = \frac{a_y}{a} \quad \cos(a,k) = \frac{a_z}{a} \qquad (11.14)$$

上面是从动点做空间曲线运动来研究的，若点做平面曲线运动，则令坐标 $z=0$；若点做直线运动令坐标 $y=0$，$z=0$。

求解点的运动学问题大体可分为两类：第一类是已知动点的运动，求动点的速度和加速度，它是求导的过程；第二类是已知动点的速度或加速度，求动点的运动，它是求解微分方程的过程。

例 1-1 已知动点的运动方程为 $x=50t$m，$y=500-5t^2$m。求：（1）动点的运动轨迹；（2）当 $t=0$ 时，动点的切向、法向加速度和轨迹的曲率半径。

解：（1）求动点的运动轨迹。由运动方程中消去时间 t，即得到动点的轨迹方程为

$$x^2 = 250\,000 - 500y$$

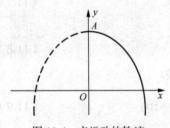

图 11-4　点运动的轨迹

可知动点的轨迹为一抛物线。再做进一步分析：根据题意 $t=0$ 时，$x=0$，$y=500$m，即开始运动时，动点在抛物线上的点 $A(0,500)$ 处。以后，当从零增加而 y 的值减小，从而知动点仅在图 11-4 所示实线的半抛物线上运动。所以，该动点的轨迹应为半抛物线

$$x^2 = 250\,000 - 500y \qquad (x \geq 0)$$

（2）求 $t=0$ 时，动点的切向、法向加速度和轨迹的曲率半径。由题中所给动点的运动方程求导得

$$v_x = \dot{x} = 50, \quad v_y = \dot{y} = -10t \qquad (a)$$

故动点的速度为

$$v = \sqrt{v_x^2 + v_y^2} = 10\sqrt{25 + t^2}\,\mathrm{m/s} \qquad (b)$$

又由式（a）对时间求导得

$$a_x = \dot{v}_x = 0, \quad a_y = \dot{v}_y = -10$$

故动点的加速度

$$a = \sqrt{a_x^2 + a_y^2} = 10\,\mathrm{m/s^2}$$

而动点的切向加速度为

$$a_\tau = \dot{v} = \frac{10t}{\sqrt{25 + t^2}} \qquad (c)$$

所以动点的法向加速度为

$$a_n = \sqrt{a^2 - a_\tau^2} = \frac{50}{\sqrt{25 + t^2}} \qquad (d)$$

轨迹的曲率半径为

$$\rho = \frac{v^2}{a_n} = 2(25 + t^2)^{\frac{3}{2}} \qquad (e)$$

将 t=0 代入式（c）、（d）、（e），求此时动点的切向、法向加速度及曲率半径分别为

$$a_\tau = 0, \qquad a_n = 10\text{m/s}^2, \qquad \rho = 250\text{m}$$

分析：求动点的运动轨迹，由运动方程消去时间 t 后，应注意再做进一步分析，以得出轨迹的确切结论；本题有助于读者熟悉直角坐标法表示的动点运动方程、轨迹、速度、加速度之间的关系；熟悉切向加速度、法向加速度、速度、曲率半径之间的关系。

11.3

自然法

11.3.1　点的运动方程

实际工程中，例如运行的列车是在已知的轨道上行驶，而列车的运行状况也是沿其运行的轨迹路线来确定的。这种沿已知轨迹路线来确定动点的位置及运动状态的方法通常称为自然法。

如图 11-5 所示，确定动点的位置应在已知的轨迹曲线上选择一个点 O 作为参考点，设定运动的正负方向，由所选取参考点 O 量取 OM 的弧长 s，弧长 s 称为弧坐标。当动点运动时，弧坐标 s 随时间而发生变化，即弧坐标 s 是时间 t 的单值连续函数。

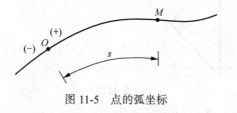

图 11-5　点的弧坐标

$$s = f(t) \qquad (11.15)$$

式（11.15）称为弧坐标形式的运动方程。

11.3.2　自然轴系

为了学习速度和加速度，先学习随动点运动的动坐标系——自然轴系，如图 11-6 所示。设在 t 瞬时动点在轨迹曲线上的 M 点，并在 M 点作其切线，沿其前进的方向给出单位矢量 τ，下一个瞬时 t' 动点在 M' 点处，并沿其前进的方向给出单位矢量 τ'，为描述曲线 M 处的弯曲程度，引入曲率的概念，即单位矢量 τ 与 τ' 夹角 θ 对弧长 s 的变化率，用 κ 表示

$$\kappa = \left| \frac{\mathrm{d}\theta}{\mathrm{d}s} \right|$$

M 处的曲率半径为

$$\rho = \frac{1}{\kappa} \tag{11.16}$$

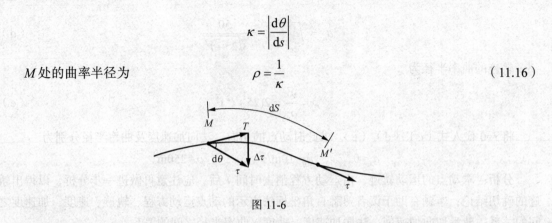

图 11-6

　　如图 11-7 所示，在 M 点处作单位矢量 τ' 的平行线 MA，单位矢量 τ 与 MA 构成一个平面 P，当时间间隔 Δt 趋于零时，MA 靠近单位矢量 τ，M' 趋于 M 点，平面 P 趋于极限平面 P_0，此平面称为密切平面，过 M 点作密切平面的垂直平面 N，N 称为 M 点的法平面。在密切平面与法平面的交线，取其单位矢量 n，并恒指向轨迹曲线的曲率中心一侧，n 称为 M 点的主法线。按右手系生成 M 点处的次法线 b，使得 $b = \tau \times n$，从而得到由 b、τ、n 构成的自然轴系。由于动点在运动，b、τ、n 的方向随动点的运动而变化，故 b、τ、n 为动坐标系。

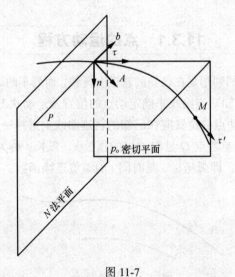

图 11-7

11.3.3　点的速度

　　由矢量法知动点的速度大小为

$$|\mathbf{v}| = \left| \frac{\mathrm{d}\mathbf{r}}{\mathrm{d}t} \right| = \lim_{\Delta t \to 0} \left| \frac{\Delta \mathbf{r}}{\Delta t} \right| = \lim_{\Delta t \to 0} \left| \frac{\Delta \mathbf{r}}{\Delta s} \frac{\Delta s}{\Delta t} \right| = \lim_{\Delta s \to 0} \left| \frac{\Delta \mathbf{r}}{\Delta s} \right| \lim_{\Delta t \to 0} \left| \frac{\Delta s}{\Delta t} \right| = |v| \tag{11.17}$$

　　如图 11-8 所示，其中 $\lim\limits_{\Delta s \to 0} \left| \dfrac{\Delta \mathbf{r}}{\Delta S} \right| = 1$，$\lim\limits_{\substack{\Delta t \to 0}} \dfrac{\Delta s}{\Delta t} = v$，$v$ 定义为速度代数量，当动点沿轨迹曲线的

正向运动时，即 $\Delta s > 0$，$v > 0$；反之 $\Delta s < 0$，$v < 0$。

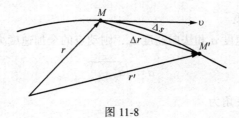

图 11-8

动点速度方向沿轨迹曲线切线，并指向前进一侧，即点的速度的矢量表示

$$v = v\tau \tag{11.18}$$

τ 是沿轨迹曲线切线的单位矢量，恒指向 $\Delta s > 0$ 的方向。

11.3.4　点的加速度

由矢量法知动点的加速度为

$$a = \frac{\mathrm{d}v}{\mathrm{d}t} = \frac{\mathrm{d}}{\mathrm{d}t}(v\tau) = \frac{dv}{dt}\tau + v\frac{\mathrm{d}\tau}{\mathrm{d}t} \tag{11.19}$$

式（11.19）加速度应分两项，一项表示速度大小对时间变化率，用 a_τ 表示，称为切向加速度，其方向沿轨迹曲线切线，当 a_τ 与 v 同号时动点做加速运动，反之做减速运动；另一项表示速度方向对时间变化率，用 a_n 表示，称为法向加速度。

（1） $\dfrac{\mathrm{d}\tau}{\mathrm{d}t}$ 的大小。

$$\left|\frac{\mathrm{d}\tau}{\mathrm{d}t}\right| = \lim_{\Delta t \to 0}\left|\frac{\Delta\tau}{\Delta t}\right| = \lim_{\Delta t \to 0}\frac{2 \cdot 1 \cdot \sin\dfrac{\Delta\theta}{2}}{\Delta t} = \lim_{\Delta\theta \to 0}\frac{\sin\dfrac{\Delta\theta}{2}}{\dfrac{\Delta\theta}{2}}\lim_{\Delta s \to 0}\frac{\Delta\theta}{\Delta s}\lim_{\Delta t \to 0}\frac{\Delta s}{\Delta t} = \frac{v}{\rho}$$

（2） $\dfrac{\mathrm{d}\tau}{\mathrm{d}t}$ 的方向。

$\dfrac{\mathrm{d}\tau}{\mathrm{d}t}$ 的方向如图 11-7 所示，沿轨迹曲线的主法线，恒指向曲率中心一侧。

则式（11.19）成为

$$a = a_\tau\tau + a_n n \tag{11.20}$$

其中， $a_\tau = \dfrac{\mathrm{d}v}{\mathrm{d}t} = \dfrac{\mathrm{d}^2 s}{\mathrm{d}t^2}$（或 $= \dot{v} = \ddot{s}$）， $a_n = \dfrac{v^2}{\rho}$ 。

若将动点的全加速度 a 向自然坐标系 b 、 τ 、 n 上投影，则有

$$\begin{cases} a_\tau = \dfrac{\mathrm{d}v}{\mathrm{d}t} = \dfrac{\mathrm{d}^2 s}{\mathrm{d}t^2} \\[3mm] a_n = \dfrac{v^2}{\rho} \\[3mm] a_b = 0 \end{cases} \tag{11.21}$$

其中 a_b 为次法向加速度。

若已知动点的切向加速度 a_τ 和法向速度 a_n，则动点的全加速度大小为

$$a = \sqrt{a_\tau^2 + a_n^2}$$

全加速度与法线间的夹角为

$$\tan \alpha = \frac{|a_\tau|}{a_n}$$

如图 11-9 所示。

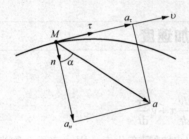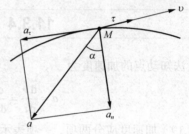

图 11-9　加速度分析

11.3.5　几种常见的运动

几种常见的运动归纳见表 11-1。

表 11-1　　　　　　　　　　　　　几种常见的运动

匀变速曲线运动	匀速曲线运动	直线运动
切向加速度： $$a_\tau = \frac{dv}{dt} = \frac{d^2 s}{dt^2} = 恒量 \quad (1)$$ 积分： $$v = v_o + a_\tau t \quad (2)$$ 再积分： $$s = s_o + v_o t + \frac{1}{2} a_\tau t^2 \quad (3)$$ （2）、（3）消去时间 t 得 $$v^2 = v_o^2 + 2a_\tau (s \times s_o) \quad (4)$$ 法向加速度： $$a_n = \frac{v^2}{\rho}$$	速度： $$v = 恒量 \quad (5)$$ 切向加速度：$a_\tau = 0$ 积分： $$s = s_o + v_o t$$ 全加速度： $$a = a_n = \frac{v^2}{\rho}$$	曲率半径： $$\rho \to \infty$$ 法向加速度： $$a_n = 0$$ 全加速度： $$a = a_\tau$$

本章小结

1. 本章用 3 种方法表示点的位置、速度和加速度：矢量法、直角坐标法、自然坐标法。

	矢 量 法	直角坐标法	自然坐标法
点的运动方程	$\boldsymbol{r}=r(t)$	$\begin{cases} x=f_1(t) \\ y=f_2(t) \\ z=f_3(t) \end{cases}$	$s=f(t)$
速度	$\boldsymbol{v}=\dfrac{\mathrm{d}\boldsymbol{r}}{\mathrm{d}t}$	$\begin{cases} v_x=\dfrac{\mathrm{d}x}{\mathrm{d}t}=\dot{x}(t) \\ v_y=\dfrac{\mathrm{d}y}{\mathrm{d}t}=\dot{y}(t) \\ v_z=\dfrac{\mathrm{d}z}{\mathrm{d}t}=\dot{z}(t) \end{cases}$	$v=\dfrac{\mathrm{d}s}{\mathrm{d}t}=\dot{s}$
加速度	$\boldsymbol{a}=\dfrac{\mathrm{d}\boldsymbol{v}}{\mathrm{d}t}=\dfrac{\mathrm{d}^2\boldsymbol{r}}{\mathrm{d}t^2}$	$\begin{cases} a_x=\dfrac{\mathrm{d}v_x}{\mathrm{d}t}=\dot{v}_x=\ddot{x}(t) \\ a_y=\dfrac{\mathrm{d}v_y}{\mathrm{d}t}=\dot{v}_y=\ddot{y}(t) \\ a_z=\dfrac{\mathrm{d}v_z}{\mathrm{d}t}=\dot{v}_z=\ddot{z}(t) \end{cases}$	$a_\tau=\dfrac{\mathrm{d}v}{\mathrm{d}t}=\dfrac{\mathrm{d}^2s}{\mathrm{d}t^2}$ $a_n=\dfrac{v^2}{\rho}$

2. 求解点的运动学问题分为两类

（1）已知动点的运动，求动点的速度和加速度，它是求导的过程。

（2）已知动点的速度或加速度，求动点的运动，它是求解微分方程的过程。

思考与练习

11.1 已知质点的质量和所受的力，是否能知道它的运动规律？

11.2 某汽车以 36km/h 的速度行驶，突然刹车，经过 2s 停下来。求刹车时的加速度和划过的距离。

11.3 火箭在 B 点处铅直发射，如题 11.3 图所示，$\theta=kt$，求火箭的运动方程，以及在 $\theta=\dfrac{\pi}{6}$，$\dfrac{\pi}{3}$ 时，火箭的速度和加速度。

11.4 已知图示机构中，$OA=AB=l$，$CM=DM=AC=a$，求出 $\varphi=\omega t$ 时，点 M 的运动方程和轨迹方程。

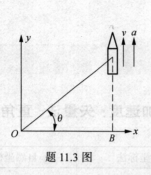

题 11.3 图

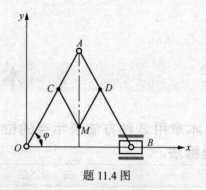

题 11.4 图

11.5 偏心轮半径为 r，转动轴到轮心的偏心距 $OC=d$，坐标轴 Ox，如图所示，求杆 AB 的运动方程，已知 $\varphi=\omega t$，ω 为常量。

11.6 一圆板在 Oxy 平面内运动，已知圆板中心 C 的运动方程为 $x_C=3-4t+2t^2$，$y_C=3+2t+t^2$（其中 x_C，y_C 以 m 计，t 以 s 计）。板上一点 M 与 C 的距离 $l=0.4\mathrm{m}$，直线段 CM 与 x 轴的夹角 $\varphi=2t^2$（φ 以 rad 计，t 以 s 计），试求 $t=1\mathrm{s}$ 时 M 点的速度及加速度。

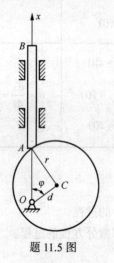

题 11.5 图

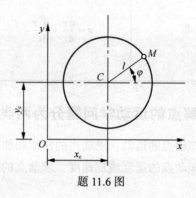

题 11.6 图

11.7 一段凹凸不平的路面可近似地用下列正弦曲线表示：$y=0.04\sin\dfrac{\pi x}{20}$，其中 x, y 均以 m 计。设有一汽车沿 x 方向的运动规律为 $x=20t$（x 以 m 计，t 以 s 计）。问汽车经过该段路面时，在什么位置加速度的绝对值最大?最大的加速度值是多少?

第12章

刚体的简单运动

在工程实际中，最常见的刚体运动有两种基本运动形式：平动和转动。有些较为复杂的运动，如刚体车轮沿直线轨迹的滚动等，都可以归纳为这两种基本运动的组合，因此，平动和转动这两种运动形式是分析一般刚体运动的基础。本章主要研究这两种运动的特点和规律。

12.1 刚体的平动

平动是刚体最简单的一种运动。例如，车刀的移动和曲柄滑添加"块"机构中的滑块 C 等，都是平动的实例，如图 12-1（a）、（b）所示。这些刚体的运动具有一个共同点：在运动时，刚体上任一直线始终与原来位置保持平行。刚体的这种运动称为平动。

（a）车刀的移动

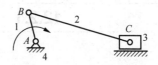
（b）曲柄滑块机构

图 12-1

刚体平动时，其上各点的轨迹若是直线，称为刚体的平移；其上各点轨迹若是曲线，称刚体做曲线平移。

下面研究刚体平动时其上各点的运动情况。

设刚体相对于坐标系 $Oxyz$ 做平移。在平移刚体上任一取两点 A、B，作矢量 $\overrightarrow{BA}$，动点 A、B 位置用矢径 r_A，r_B 来表示，如图 12-2 所示。

根据刚体平移的特征，矢量 $\overrightarrow{BA}$ 的长度和方向始终不变，故 $\overrightarrow{BA}$ 是常矢量。如果将 B 点的轨迹沿 $\overrightarrow{BA}$ 方向平动 BA 距离，则必然与 A 点的轨迹重合。

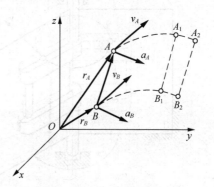
图 12-2　平移刚体的运动轨迹

由此可知

$$r_a = r_b + \overrightarrow{BA}$$

对时间 t 求导得

$$\frac{\mathrm{d}r_A}{\mathrm{d}t} = \frac{\mathrm{d}r_B}{\mathrm{d}t} + \frac{\mathrm{d}\overrightarrow{BA}}{\mathrm{d}t}$$

由于 $\overrightarrow{BA}$ 是常矢量，因此 $\dfrac{\mathrm{d}\overrightarrow{BA}}{\mathrm{d}t} = 0$ ，于是

$$v_A = v_B \tag{12.1}$$

再对时间 t 求一次导数得

$$a_A = a_B \tag{12.2}$$

综上所述，可以得到如下结论：当刚体做平动时，其上所有点的轨迹相同；在每一瞬时，各点的速度相同、加速度也相同。因此，刚体上任意一点的运动就可以代表整个刚体的运动，即刚体的平动可以归纳为点的运动来研究。

12.2 刚体绕定轴转动及运动方程

皮带轮、齿轮、车床上的工件等的运动都具有一个共同的特点，即在运动的过程中，体内有一条直线始终固定不动，而其余各点均绕此点做圆周运动，这种运动称刚体绕定轴的转动。该固定不动的直线称为转轴，至于行驶的车辆的轮子，钻床的钻头的运动则不是定轴转动，因为它们的转轴并不固定，而是在运动。

12.2.1 转动方程

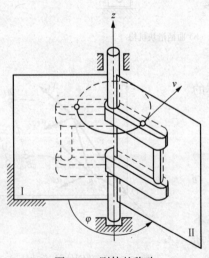

图 12-3 刚体的移动

取转轴为 z 轴。通过轴线作一固定平面 I ，此外，通过轴线作一与刚体固连的动平面 II，如图 12-3 所示。这两个平面间的夹角用 φ 表示，称为刚体的转角。

转角 φ 是一个代数量，它确定了刚体的位置，它的符号规定为：从 z 轴正向往下看，逆时针为正，反之为负。并用弧度（rad）表示，当刚体转动时，转角 φ 是时间 t 的单值连续函数，即

$$\varphi = f(t) \tag{12.3}$$

式（12.3）称为刚体的转动方程，它反映转动刚体任一瞬时在空间的位置，即刚体的转动规律。

转角 φ 是代数量，从转轴 z 的正向看，逆时针转

向的转角为正，反之为负。转角 φ 单位是 rad。

12.2.2　角速度

为了度量转动的快慢和方向，引入角速度的概念，与点直线运动的速度 $v = \dfrac{\mathrm{d}x}{\mathrm{d}t}$ 相似，转角 φ 对时间 t 的导数，叫刚体的角速度，用 ω 表示，即

$$\omega = \frac{\mathrm{d}\varphi}{\mathrm{d}t} \qquad (12.4)$$

角速度是代数量，其正负表示刚体的转动方向，当 $\omega > 0$ 时，刚体逆时针转动；反之则顺时针转动。角速度的单位是 rad/s。

工程上常用每分钟转过的圈数表示刚体转动的快慢，称为转速，用符号 n 表示，单位是 rad/min。转速 n 与角速度 ω 的关系是

$$\omega = \frac{2\pi n}{60} = \frac{\pi n}{30} \qquad (12.5)$$

12.2.3　角加速度

当电动机在启动和停车时，由于负载瞬间改变时它的角速度是变化的，为了度量角速度变化的快慢，引出角速度的概念。和点直线运动的加速度 $a = \dfrac{\mathrm{d}v}{\mathrm{d}t}$ 相似，角速度对时间的导数称为刚体的角加速度，用 α 表示。则由式（12.4）得

$$\alpha = \frac{\mathrm{d}\omega}{\mathrm{d}t} = \frac{\mathrm{d}^2\omega}{\mathrm{d}t^2} \qquad (12.6)$$

式（12.6）所示导数 $\dfrac{\mathrm{d}\omega}{\mathrm{d}t}$ 的某瞬时的值为正，表示 α 的转向与 φ 的正向一致，是逆时针方向；反之，为顺时针方向。角速度的情况一样，在定轴转动中，角速度也是代数量。但应注意，角加速度正、负的意义，要同角速度 ω 联系起来看，和点的直线运动 v、a 相似，当 ω、α 同号时，表示刚体做加速度运动；当 ω、α 异号时，表示刚体做减速度运动，角加速度的单位是 rad/s^2。

虽然刚体绕定轴转动与点的曲线运动的形式不同，但它们相对应的变量之间的关系却是相似的，见表 12-1。

表 12-1　　　　　　　　　　　　　刚体绕定轴与点的曲线运动

点的曲线运动		刚体的定轴转动	
运动方程	$s=s(t)$	转动方程	$\varphi=\varphi(t)$
速度	$v = \dfrac{\mathrm{d}s}{\mathrm{d}t}$	速度	$\omega = \dfrac{\mathrm{d}\varphi}{\mathrm{d}t}$
加速度	$a = \dfrac{\mathrm{d}y}{\mathrm{d}t} = \dfrac{\mathrm{d}^2s}{\mathrm{d}t^2}$	加速度	$\alpha = \dfrac{\mathrm{d}\omega}{\mathrm{d}t} = \dfrac{\mathrm{d}^2\omega}{\mathrm{d}t^2}$

续表

点的曲线运动	刚体的定轴转动
匀速运动　v =常数 $s = s_0 + vt$	匀速运动　v =常数 $\varphi = \varphi_0 + \omega t$
匀变速运动　a=常数 $s = s_0 + v_0 + \dfrac{1}{2}at^2$ $v = v_0 + at$	匀变速运动　α =常数 $\varphi = \varphi_0 + \omega_0 t + \dfrac{1}{2}\alpha t^2$ $\omega = \omega_0 + \alpha t$

例 12-1　已知电动机转轴的转动方程为 $\varphi = 2t^2$，其中 t 的单位以 s 计，φ 的单位以 rad 计，求 $t = 2$s 时，转轴的角速度与角的加速度。

解：因为转动方程已知，为

$$\varphi = 2t^2$$

由式（12.4）和式（12.6）即可求出转轴任意瞬时的角速度和角的加速度分别为

$$\omega = \frac{\mathrm{d}\varphi}{\mathrm{d}t} = 4t$$

$$\alpha = \frac{\mathrm{d}\omega}{\mathrm{d}t} = \frac{\mathrm{d}^2\omega}{\mathrm{d}t^2} = 4$$

将 t=2s 代入，得

$$\omega = 4t = 8\text{rad/s}$$

$$\varphi = 4\text{rad/s}^2 = 常数$$

由上面可知转轴做逆时针方向匀加速运动。

12.2.4　转动刚体上各点的速度与加速度

在工程中，不仅要求知道转动刚体的角速度和角加速度，而且还常常需要知道转动刚体上某些点的速度与加速度。例如，为了保证机器安全运转，在设计带轮时，需要知道轮缘的速度；在车削工件时，必须选择合理的切削速度，即转动工件表面上点的速度。

下面将讨论刚体转动时各点的速度、加速度与刚体整体运动规律之间的关系。

刚体定轴转动时，刚体上各点（除转轴上的点）都做圆周运动，其运动平面与转轴垂直，圆心是运动平面与圆心的交点，转动半径是点到运动平面圆心的距离。

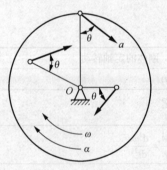

假设刚体绕 z 轴转动，其角速度为 ω，角加速度为 a，如图 12-4 所示，刚体上 M 点的速度、切向加速度、法向加速度分别为

$$v = r\omega$$

$$a_\tau = r\alpha$$

$$a_n = r\omega^2$$

知道了切向加速度、法向加速度后，全加速度的大小和方向为

图 12-4　转动刚体的速度、加速度

$$a = \sqrt{{a_\tau}^2 + {a_n}^2} = r\sqrt{\alpha^2 + \omega^2}$$

$$\beta = \arctan\left|\frac{a_\tau}{a_n}\right| = \arctan\left|\frac{\alpha}{\omega^2}\right|$$

β 为全加速度与法线夹角。

由以上分析可以得到如下结论。

（1）在每一瞬时，转动刚体内所有各点的速度和加速度的大小，分别与这些点到轴线的距离成正比。

（2）转动刚体上各点的速度方向垂直于转动半径，其指向与角速度转向相一致。

（3）转动刚体上各点的切向加速度垂直于转动半径，其指向与角速度转向相一致。

（4）转动刚体上各点的法向加速度方向沿半径指向转轴。

（5）任一瞬时各点的全加速度与半径的夹角相同。

例 12-2　发动机的转速 n_0=1800rad/min，在制动后做匀减速运动，从开始制动至停止转动共转过 100rad，求发动机制动所需时间。

解：初角速度和末角速度分别为

$$\omega_0 = \frac{\pi n_0}{30} = \frac{\pi 1800}{30} = 60\pi(\text{rad}/\text{s})$$

$$\omega = 0$$

在制动过程的转角为

$$\varphi = 2\pi n = 2\pi \times 100 = 200\pi(\text{rad})$$

可求得角速度为

$$\alpha = \frac{\omega^2 - \omega_0^2}{2\varphi} = \frac{0 - (60\pi)^2}{2 \times 200\pi} = -9(\text{rad}/\text{s}^2)$$

可求得制动时间为

$$t = \frac{\omega - \omega_0}{\alpha} = \frac{0 - 60\pi}{-9\pi} = 6.67(\text{s})$$

本章小结

1. 刚体的平动

刚体做平移时，刚体上各点的轨迹形状、速度和加速度完全相同，刚体上任一点的运动都能代表整个刚体的运动。因此，在研究刚体平动时，可用刚体上的一点来表征。

2. 刚体的定轴转动

转动方程：　　　$\varphi = \varphi(t)$。

转动角速度：　　　　　$\omega = \dfrac{\mathrm{d}\varphi}{\mathrm{d}t}$。

转动角加速度：　　　　$\alpha = \dfrac{\mathrm{d}\omega}{\mathrm{d}t} = \dfrac{\mathrm{d}^2\omega}{\mathrm{d}t^2}$。

3．定轴转动刚体上各点速度、加速度

$$v = r\omega$$
$$a_\tau = r\alpha$$
$$a_n = r\omega^2$$

思考与练习

12.1　"刚体做平动时，各点的轨迹一定是直线或平面曲线。"该说法是否正确？

12.2　内力不能改变质心的运动，但汽车似乎是靠发动机开动的，如何解释？

12.3　当 $\omega < 0$、$\alpha < 0$ 时，刚体的运动情况如何？

12.4　物体绕定轴转动的运动方程为 $\varphi = 4t - 3t^3$（φ 以 rad 计，t 以 s 计）。试求物体内与转动轴相距 $r = 0.5\mathrm{m}$ 的一点，在 $t_0 = 0$ 与 $t_1 = 1\mathrm{s}$ 时的速度和加速度的大小，并求物体在什么时刻改变它的转向？

12.5　如题 12.5 图所示，电动绞车由带轮 **I** 和 **II** 及鼓轮 **III** 组成，鼓轮 **III** 和带轮 **II** 刚连在同一轴上。各轮半径分别为 $r_1 = 300\mathrm{mm}$，$r_2 = 750\mathrm{mm}$，$r_3 = 400\mathrm{mm}$。轮 **I** 的转速为 $n = 100\mathrm{r/min}$。设带轮与带之间无滑动，试求物块 M 上升的速度和带 AB、BC、CD、DA 各段上点的加速度的大小。

12.6　机构如题 12.6 图所示，假定杆 AB 以匀速 v 运动，开始时 $\varphi = 0$。求当 $\varphi = \dfrac{\pi}{4}$ 时，摇杆 OC 的角速度和角加速度。

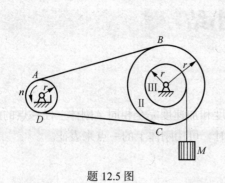

题 12.5 图

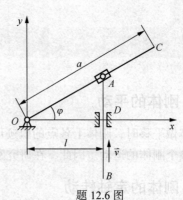

题 12.6 图

第13章

点的合成运动

本章介绍点的合成运动，它是研究物体复杂运动的基础，这种研究方法，无论在理论还是实际上都具有实际意思。

在实际工程中，常常遇到同时用两个不同的参考系去描述同一点的运动的情况，同一点对不同的参考系表现的运动特征不同，但它们之间存在联系。

13.1

合成运动基本概念

点的运动描述具有相对性，在不同的参考系中描述同一点运动，得到的结果可能是完全不一样的。

为了描述物体的运动，常在参考物上固定一坐标系，称为参考系。我们把确定于地球表面的参考系称为固定参考系，简称静参考系；而把相对于地面的运动的参考系称为动参考系。简称动系。

由运动的相对性可知，动点相对于不同的坐标系有不同的运动，其中动点相对于静参考系的运动称为绝对运动；动点相对于动参考系的运动称为相对运动；动参考系相对于静参考系的运动称为牵连运动。如图 13-1 所示，相对于地面的铅直线运动的绝对运动；而车相对地面的直线平移是牵连运动。

从上述定义可知，动点的绝对运动和相对运动都是动点运动，只是相对的参照系不同而已，而牵连运

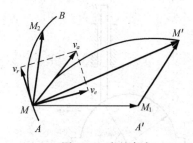

图 13-1　点的合成

动是动参照系相对于静系的运动，也就是固连着动参照系的刚体运动，其运动可能是平移、转动或者是其他较复杂的运动。研究点的合成运动，就是研究绝对、相对、牵连这 3 种运动之间的关系。

在动点和动参考系的选择时，必须注意点和动参考系不能选在同一物体上，即动点对动参

考系必须有相对运动。

13.2 点的速度合成定理

动点相对于不同参考系的运动是不同的，因此，对不同的参考系，动点的速度也不同。

（1）绝对速度：动点相对于静参考系的速度，用v_a表示。

（2）相对速度：动点相对于动参考系的速度，用v_r表示。

（3）牵连速度：牵连点相对于静参考系的速度，用v_e表示。

下面讨论动点的绝对速度、相对速度和牵连速度之间的关系。

在图 13-1 中设动点 M 的相对轨迹为曲线 AB，动系固定于 AB 上，在瞬时 t，动点位于曲线 AB 上点 M，经过时间间隔Δt 后，动系 AB 运动到新位置 $A'B'$，同时点沿弧 MM' 运动到 M'，弧 MM' 为动点的绝对轨迹。

在动参考系上观察动点 M 的运动，则它沿曲线 AB 运动到 M_2。弧是动点的 MM_2 的相对轨迹。在瞬时 t，曲线 AB 上与动点重合的那一点经过时间 Δt 沿弧线 MM_1 运动到点 M_1。

矢量 $\overline{MM'}$、$\overline{MM_2}$ 和 $\overline{MM_1}$ 分别为动点的绝对位移、相对位移和牵连位移（t 瞬时动点 M 的牵连点在时间内的位移）。

得到结论：

$$v_a = v_r + v_e$$

由此得点的速度合成定理：动点在某瞬时的绝对速度等于它在该瞬时的牵连速度与相对速度的矢量和，即动点的绝对速度可以由牵连速度与相对速度所构成的平行四边形的对角线来确定，这个平行四边形称为速度平行四边形。

应指出，以上推导过程未对牵连运动加任何限制，故速度合成定理适用于任何情况。

例 已知凸轮 D 半径为 r，以等速度 u 向右运动，带动杆 AB 向上运动。求$\varphi = 30°$ 时杆 AB 的速度及相对于凸轮的速度。

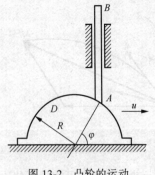

图 13-2 凸轮的运动

解：杆 AB 及凸轮 D 均做平动，取杆 AB 上的 A 点为动点，动系固定在凸轮上，速度分析如图 13-2 所示。

$$v_e = u$$

由速度平行四边形可求得

$$v_r = \frac{v_e}{\cos\varphi} = \frac{u}{\cos 30°} = \frac{2}{3}\sqrt{3}u$$

$$v_a = v_r \sin\varphi = \frac{\sqrt{3}}{3}u$$

因此，$\varphi = 30°$ 时杆 AB 的速度为 $\frac{\sqrt{3}}{3}u$，相对于凸轮的速度为 $\frac{\sqrt{3}}{3}u$。

需要注意的问题如下。

结论 1 与成运动基本理论即有动参考系和静参考系相对应。在实际问题的分析求解中，应合理选取动点、动参考系。其一般的原则是动点对动参考系有相对运动；动参考系对静参考系有运动，而且大多数情况下，应使相对轨迹能在动参考系中直观显示，最好是直线和圆弧。

结论 1 可以用几何法求解，这时该式对应一个速度平行四边形或速度合成三角形；也可以用投影法求解，这时应该做出动点的 3 个速度矢量，再将矢量投影于个速度矢量所在的平面的任意两个方向，得到两个独立的标量方程。

本章小结

1. 绝对运动、相对运动和牵连运动

动点相对于静参考系的运动称为绝对运动；动点相对于动参考系的运动称为相对运动；动参考系相对于静参考系的运动称为牵连运动。

2. 绝对速度、相对速度和牵连速度

绝对速度：动点相对于静参考系的速度，用 v_a 表示。

相对速度：动点相对于动参考系的速度，用 v_r 表示。

牵连速度：牵连点相对于静参考系的速度，用 v_e 表示。

3. 速度合成定理

$$v_a = v_r + v_e$$

4. 动点和参考系的选择必须遵循的原则

（1）动点和参考系不能选在同一物体上，即动点相对于动参考系必须有相对运动。

（2）动点、动参考系的选择应以相对轨迹易于辨认为原则，最好是直线和圆弧。

思考与练习

13.1 试说明下列说法是否正确？

（1）牵连运动是动参考系相对于静系的运动。

（2）牵连运动是动参考系上任一点相对于静系的运动。

13.2 图示平面机构中，曲柄 OA 以匀角速度 ω=3rad/s 绕 O 轴转动，AC=3m，R=1m，轮沿水平直线轨道做纯滚动。在图示位置时，OC 为铅垂位置，ϕ=60°。试求该瞬时轮的角速度和角加速度。

13.3　图示机构中，已知 $BC=AD=2\text{m}$，BC 杆以匀角速度转动，$\omega=2\text{rad/s}$，求图示位置套筒 E 的速度和加速度。

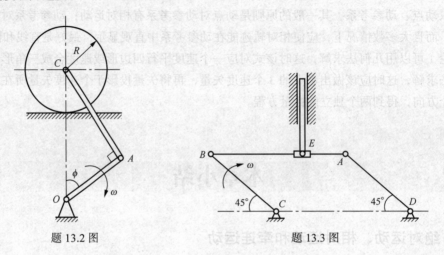

题 13.2 图　　　　　　　　　　　题 13.3 图

13.4　小车沿水平方向向右做加速运动，其加速度 $a=0.439\text{m/s}^2$，在小车上有一轮绕 O 轴转动，其转动方程为 $\varphi=t^2$，t 以 s 计，φ 以 rad 计。当 $t=1\text{s}$ 时，轮缘上点 A 的位置如图所示，轮的半径 $r=0.2\text{m}$，试求图示瞬时点 A 的绝对加速度。

13.5　如题 13.5 图所示，偏心圆轮以匀角速度 ω 绕 O 轴转动，杆 AB 的 A 端搁在凸轮上，图示瞬时 AB 杆处于水平位置，OA 为铅垂，$AB=l$，半径 $AC=R$，$CO=e$，试求该瞬时 AB 杆角速度的大小及转向。

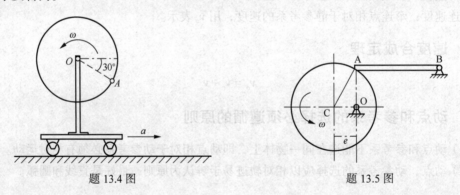

题 13.4 图　　　　　　　　　　　题 13.5 图

第14章

质点动力学的基本方程

本章主要介绍动力学的 3 个基本定律，它们是动力学的基础，无论在理论还是实际上都具有重要意义。在实际工程中，应用经典力学中的牛顿三定律，研究和解决一般机械问题都能得到足够精确的结果，它是现在制造业的基础，例如高度运转的机械动力研究，宇宙飞行及火箭推进技术都是以其作为基础。

14.1 动力学的基本定律

质点动力学的基础是 3 个基本定律，这些定律是牛顿在总结前人研究成果的基础上提出的，称为牛顿三大定律。

14.1.1 第一定律 惯性定律

不受力的质点，将永远保持静止或做匀速直线运动。即：不受力作用的质点，不是处于静止状态，就是永远保持其原有的速度不变。这种性质称为惯性。第一定律阐述了物体做惯性运动的条件，故又称为惯性定律。

由此可知，质点如受到不平衡力作用时，其运动状态一定改变。则作用力与物体的运动状态改变的定量关系将由第二定律给出。

14.1.2 第二定律 力与加速度之间关系定律

质点的质量与加速度的乘积等于作用于质点的力的大小。加速度方向与力的方向一致，即

$$ma = F$$

此式建立了质点的质量、加速度与力之间的关系。该式表明了如下几点。

（1）加速度矢 a 与力矢 F 的方向相同。

（2）力与加速度之间的关系是瞬时关系。即：只要其瞬时有力作用于质点，则在该瞬时质

点必有确定的加速度。

（3）如在某段时间内没有力作用于质点，则在该段时间内质点没有加速度，质点做惯性运动。

（4）对质量相等的质点，作用力越大则加速度越大。如作用力相等，则质量小的质点加速度大，这就是说质点的质量越大，运动状态越不容易改变，也就是质点的惯性越大。因此，质量是质点惯性的量度。

在国际单位制（SI）中，长度、质量和时间的单位是基本单位，分别是 m、kg、s。力的单位是导出单位，为 N。

工程单位制在这里不做介绍。

14.1.3 第三定律 作用与反作用定律

两个物体之间的作用和反作用力总是大小相等，方向相反，沿着同一条直线，且同时分别作用在这两个物体上。

应指出，这一定律就是静力学中的公理四。因此说：它不仅通用于平衡的物体，也适用于任何运动的物体，它是分析两物体相互作用关系的依据。

还应指出，3 个定律只在一定范围内才适用，3 个定律适用的参考系称为惯性参考系。

在一般的工程问题中，把固定于地面或相对地面做匀速直线运动的坐标系作为惯性参考系。

在研究人造卫星的轨道、洲际导弹的弹道等问题时，必须选取以地心为圆心，3 轴指向 3 个恒星的坐标系作为惯性参考系。在研究天体运动时，须取太阳为圆心，3 轴指向恒星的坐标系作为惯性参考系。

14.2
质点的运动微分方程

质点动力学第二定律，建立了质点的加速度与作用力的关系，当质点受到几个力作用时，则有

$$m\bar{a} = \sum_{i=1}^{n} \bar{F}_i \tag{14.1}$$

这是矢量形式的微分方程。

14.2.1 矢量形式的质点运动方程

因 $\bar{a} = \dfrac{d\bar{r}^2}{dt^2}$，代入式（14.1）可得

$$m\frac{d\bar{r}^2}{dt^2} = \sum \bar{F} \tag{14.2}$$

14.2.2 直角坐标系的投影式

如图 14.1 所示，设矢量 $\vec{M}$ 矢量在坐标轴上的投影分别为 X、Y、Z，力 $\vec{F_i}$ 在其上的投影分别为 X_i、Y_i、Z_i，则其式的投影形式为

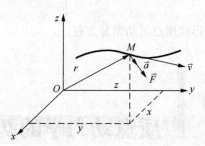

图 14-1　直角坐标系的投影

$$
\left.
\begin{aligned}
m\frac{\mathrm{d}x^2}{\mathrm{d}t^2} &= \sum F_x \\
m\frac{\mathrm{d}y^2}{\mathrm{d}t^2} &= \sum F_y \\
m\frac{\mathrm{d}z^2}{\mathrm{d}t^2} &= \sum F_z
\end{aligned}
\right\}
\qquad (14.3)
$$

14.2.3 自然坐标系的投影式

如图 14-2 所示，设某一矢量 $\vec{M}$ 切线轴 t，主法线轴 n，副法线轴 b，考虑到

$$
a_t = \frac{\mathrm{d}v}{\mathrm{d}t} \quad , \quad a_n = \frac{v^2}{\rho} \quad , \quad a_b = 0
$$

由 $ma = \sum F$

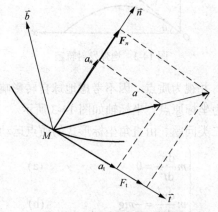

图 14-2　自然坐标系的投影

得弧坐标形式：

$$\left. \begin{array}{l} m\dfrac{\mathrm{d}v_t^2}{\mathrm{d}t} = \sum F_t \\[3mm] m\dfrac{\mathrm{d}v_t^2}{\rho} = \sum F_n \\[3mm] 0 = \sum F_b \end{array} \right\} \qquad (14.4)$$

上式即为自然坐标系的投影式质点运动微分方程。

14.3 | 质点动力学的两类基本问题

研究质点的动力学，为的是求解两类问题。

（1）已知质点的运动，求作用于质点的力。

（2）已知作用于质点的力，求质点的运动。

这就是质点动力学的两类基本问题。

求解质点动力学的第一类基本问题比较简单。例如，已知运动方程，只需求两阶导数得到质点的加速度，代入质点的运动微分方程中得一代数方程组，即可求解。

在求解第二类基本问题时，如求质点的速度、运动方程等。从数学的角度看是解微分方程或求积分的问题。在工程实际中，作用力有的是常力，有的是变力，求解比较麻烦。对于某些非线性的运动微分方程，甚至只能按数值法求得近似解，有些要借助于电子计算机。

例炮弹以初速度发射，与水平线的夹角为 θ，如图 14-3 所示。假设不计空气阻力和地球自转的影响，求炮弹在重力作用下的运动方程和轨迹。

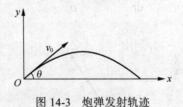

图 14-3　炮弹发射轨迹

解：以炮弹为研究对象，并视为质点。因不考虑地球自转影响，故炮弹的运动轨迹为一平面曲线。取质点的原始位置为坐标原点，坐标轴如图 14-3 所示。

已知力求运动轨迹属第二类问题。由直角坐标形式的质点运动微分方程

$$\begin{cases} m\dfrac{\mathrm{d}x^2}{\mathrm{d}t^2} = 0 & \qquad (a) \\[3mm] m\dfrac{\mathrm{d}y^2}{\mathrm{d}t^2} = -mg & \qquad (b) \end{cases}$$

积分式（a），得

$$v_x = \frac{\mathrm{d}x}{\mathrm{d}t} = c_1, \quad x = c_1 + c_2$$

$t=0$ 时，$x = x_0 = 0, v_x = v_{0x} = v_0 \cos\alpha$ 得

$$c_1 = v_0 \cos\alpha, c_2 = 0$$

于是有

$$x = v_0 t \cos\alpha \tag{c}$$

再积分式（b），得

$$v_y = \frac{\mathrm{d}y}{\mathrm{d}t} = -gt + c_3, y = -\frac{1}{2}gt^2 + c_3 t + c_4$$

当 $t=0$ 时，$y = y_0 = 0, v_y = v_{0y} = v_0 \sin\alpha$ 代入上式得

$$c_3 = v_0 \sin\alpha, c_4 = 0$$

于是有

$$y = v_0 t \sin\alpha - \frac{1}{2}gt^2 \tag{d}$$

式（c）、（d）为所求的炮弹运动方程。

由（c）、（d）式得炮弹的轨迹为

$$y = x\,\mathrm{tg}\,\alpha - \frac{g}{2v_0^2 \cos^2\alpha}x^2$$

由解析几何知，这是位于铅直面内的一条抛物线。

本章小结

1. 动力学基本定律

第一定律：惯性定律。

第二定律：力与加速度的关系。

第三定律：作用力与反作用力。

2. 质点微分方程

矢量形式。

直角坐标形式。

自然坐标形式。

3. 质点的两类动力学问题

第一类，已知运动求力。

第二类，已知力求运动。

思考与练习

14.1 只要质点所受合力的方向保持不变，该质点就做直线运动，对吗？

14.2 有人说，质点的速度越大，所受的力也越大，对吗？为什么？

14.3 如图所示，单摆 M 的摆锤重 W，绳长 l，悬于固定点 O，绳的质量不计。设开始时绳与铅垂线呈偏角 $\varphi_0 \leqslant \pi/2$，并被无初速度释放，求绳中拉力的最大值。

14.4 如图所示一圆锥摆，质量 $m = 0.1$ kg 的小球系于长 $l = 0.3$ m 的绳上，绳的一端系在固定点 O，并与铅直线呈 $\theta = 60°$ 角。如小球在水平面内做匀速圆周运动，求小球的速度 v 与绳的张力 F 的大小。

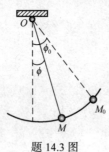

题 14.3 图

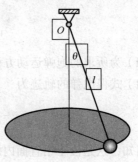

题 14.4 图

第15章

动能定理

在工程技术领域中，能量法作为解决力学问题的一种方法，获得了广泛的应用。能量法是在功和机械能（包括动能和势能）的基础上建立起来的，下面介绍能量法之一的动能定理。

15.1 功和功率

在力学中，力的功是力对物体及作用在空间上的积累效应的度量，其结果是引起物体机械能的改变和转化。

15.1.1 功的概念及元功表达式

1. 常力的功

设物体（视为质点）在常力 F 作用下做直线运动，力 F 与位移 s 呈 α 角。

由于质点做直线运动，只有沿位移方向的分力 F_x 才能改变物体的运动状态，因此，作用于质点上的常力所做的功的定义为：力 F 在位移 s 上的投影大小的乘积，即

$$W = Fs\cos\alpha \tag{15.1}$$

式（15.1）也可写作

$$W = F \cdot S \tag{15.2}$$

由式（15.2）可知，力的功是个代数量。当 $\alpha < 90°$ 时，力做正功；当 $\alpha > 90°$ 时，力做负功；当 $\alpha = 90°$ 时，力的功等于零。

2. 变力的功

设质点 M 在变力 F 作用下做曲线运动。如图 15-1 所示，当质点 M 沿曲线 M_1 运动到 M_2 时，将弧长 M_1M_2 分割成无限多微弧段，微弧段 ds 可视为直线，对应的位移为 dr，且 $|dr|=ds$。变力

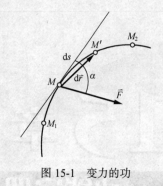

图 15-1 变力的功

F 在质点 M 的微弧段 ds 上可视为常力所作的功称为元功。元功的表达式为

$$\delta W = F\cos\alpha ds = Fdr \tag{15.3}$$

或用它们的直角坐标轴上的投影表示

$$\delta W = (F_x i + F_y j + F_z k)\cdot(\mathrm{d}x i + \mathrm{d}y j + \mathrm{d}z k) = F_x \mathrm{d}x + F_y \mathrm{d}y + F_z \mathrm{d}z$$

当质点从 M_1 沿曲线 s 运动到 M_2 时，力 F 所做的功为

$$W_{12} = \int_{M_1}^{M_2} X\mathrm{d}x + Y\mathrm{d}y + Z\mathrm{d}z \tag{15.4}$$

15.1.2 常见力的功

1. 重力的功

设质点的质量为 m，在重力作用下从 M_1 运动到 M_2。建立如图 15-2 所示的坐标系，则由 $X=0$，$Y=0$，$Z=-mg$ 得

$$W_{12} = \int_{z_1}^{z_2} (-mg)\mathrm{d}z = mg(z_1 - z_2) \tag{15.5}$$

对于质点系，其重力所做的功为

$$W_{12} = \sum m_i g(z_{i1} - z_{i2}) = (\sum m_i z_{i1} - \sum m_i z_{i2})g$$
$$= (Mz_{C1} - Mz_{C2})g = Mg(z_{C1} - z_{C2})$$

由此可见，重力的功仅与重心的始末位置有关，而与重心走过的路径无关。

2. 弹力的功

设质点 M 在弹性力作用下沿图 15-3 所示轨迹运动，设弹簧原长为 l_0，弹性系数为 k，在弹性范围内，弹性力 $\vec{F}$ 为

$$\vec{F} = -k(r - l_0)\vec{r}_0$$

由

$$W_{12} = \int_{M_1}^{M_2} \vec{F}\cdot\mathrm{d}\vec{r}$$

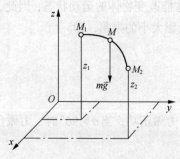

图 15-2 质点在重力作用下的运动

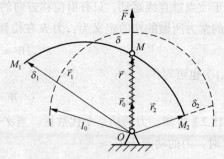

图 15-3 质点在弹性力作用下的运动

得

$$W_{12} = \int_{M_1}^{M_2} -k(r - l_0)\vec{r}_0 \cdot \mathrm{d}\vec{r}$$

因为

$$\vec{r}_0 \cdot d\vec{r} = \frac{1}{r}\vec{r} \cdot d\vec{r} = \frac{1}{2r}d(\vec{r} \cdot \vec{r}) = \frac{1}{2r}dr^2 = dr$$

于是

$$W_{12} = \int_{r_1}^{r_2} -k(r-l_0)dr = -\frac{1}{2}k(r-l_0)^2\Big|_{r_1}^{r_2}$$

或

$$W_{12} = \frac{1}{2}k(\delta_1^2 - \delta_2^2) = \frac{1}{2}k\left[(r_1-l_0)^2 - (r_2-l_0)^2\right] \qquad (15.6)$$

可以证明，当质点的运动轨迹不是直线时，式（15.6）仍然成立。和重力一样，弹性功也和质点的运动路径无关，只和弹簧的始末位置有关。

3. 定轴转动刚体上作用力的功

如图 15-4 所示，作用在定轴转动刚体上的力 $\vec{F}$，当刚体从 O_1 位置转到 M 位置所做的功为

$$W_{12} = \int_{M_1}^{M_2} F_\tau ds = \int_{\varphi_1}^{\varphi_2} F_\tau \cdot \overline{O_1 M}d\varphi$$

其中

$$M_z(\vec{F}) = F_\tau \cdot \overline{O_1 M}$$

所以

$$W_{12} = \int_{\varphi_1}^{\varphi_2} M_z(\vec{F})d\varphi$$

当 $M_z(\vec{F})$ 为常量时 $W_{12} = M_z(\vec{F}) \cdot (\varphi_2 - \varphi_1)$

若作用在刚体上为力偶，矩矢为 $\vec{m}$，则力偶所做的功为

$$W_{12} = \int_{\varphi_1}^{\varphi_2} m_z d\varphi \qquad (15.7)$$

如果作用在转动刚体上的是常力偶，而力偶的作用与转轴垂直时，功的计算仍按式（15.7）进行。

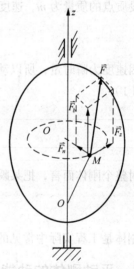

图 15-4　定轴转动刚体上的作用力

15.1.3 功　率

力在单位时间内做的功称为功率。如电动机或发动机功率愈大，表示在给定的时间内所做的功愈多。

设作用于质点上的力 F，在 dt 时间内的内力 F 的元功为 δW，质点的速度为 v，则功率 P 可以表示为

$$P = \frac{\delta W}{dt} = F \cdot \frac{dr}{dt} = Fv = F_\tau v \qquad (15.8)$$

式中，作用于质点上的力的功率，等于力在速度方向上的投影和速度乘积。

功率的单位为 W，$1W = 1J/S$。

如果功是用力矩或力偶矩计算的，由元功的表达式 $\delta W = Md\varphi$ 得

$$P = \frac{\delta W}{\mathrm{d}t} = \frac{M\mathrm{d}\varphi}{\mathrm{d}t} = M\omega \qquad (15.9)$$

此式说明，转矩功率等于转矩与物体转动的角速度的乘积。

15.2 动能

15.2.1 质点的动能

设质点的质量为 m，速度为 v，则质点动能的定义为

$$T = \frac{1}{2}mv^2 \qquad (15.10)$$

因速度为瞬时量，所以动能也为瞬时量，它是恒正的标量，在国际单位制中动能的单位是焦耳（J）。

15.2.2 刚体的动能

对整个刚体而言，把某瞬时每个质点的动能相加即得到刚体的动能，即

$$T = \sum \frac{1}{2}m_i v_i^2 \qquad (15.11)$$

刚体是工程实际中常见的质点系，当刚体的运动形式不同时，其动能的表达式也不同。

1. 平动刚体的动能

刚体在平移时，每一瞬时其上各个点的速度都相等，等于刚体质点的速度，得

$$T = \sum \frac{1}{2}m_i v_i^2 = \frac{1}{2}v_C^2 \sum m_i = \frac{1}{2}Mv_C^2 \qquad (15.12)$$

即平移时刚体的动能等于质量与质心速度平方乘积的一半。

2. 定轴转动刚体的动能

$$T = \sum \frac{1}{2}m_i v_i^2 = \sum \frac{1}{2}m_i r_i^2 \omega^2 = \frac{1}{2}\omega^2 \sum m_i r_i^2 = \frac{1}{2}J_z \omega^2 \qquad (15.13)$$

3. 平面运动刚体的动能

$$T = \frac{1}{2}J_{C'}\omega^2$$

由

$$T = \frac{1}{2}(J_C + md^2)\omega^2 = \frac{1}{2}J_C\omega^2 + \frac{1}{2}m(d \cdot \omega)^2$$

得

$$T = \frac{1}{2}mv_C^2 + \frac{1}{2}J_C\omega^2 \tag{15.14}$$

即平面运动刚体的动能等于刚体随质心平移的动能与绕质心转动的动能之和。

如果一个系统包括几个刚体，那么这个系统的动能为绕质心转动的各刚体的动能之和。

15.3 动能定理

15.3.1 质点的动能定理

取质点运动微分方程的矢量形式

$$m\frac{\mathrm{d}\vec{v}}{\mathrm{d}t} = \vec{F}$$

在方程两边点乘 $\mathrm{d}\vec{r}$ ，得

$$m\frac{\mathrm{d}\vec{v}}{\mathrm{d}t} \cdot \mathrm{d}\vec{r} = \vec{F} \cdot \mathrm{d}\vec{r}$$

因 $\mathrm{d}\vec{r} = \vec{v}\mathrm{d}t$ ，于是上式可写成

$$m\vec{v} \cdot \mathrm{d}\vec{v} = \vec{F} \cdot \mathrm{d}\vec{r} \tag{15.15}$$

或

$$\mathrm{d}\left(\frac{1}{2}mv^2\right) = \delta W \tag{15.16}$$

即质点动能的微分等于作用在质点上的力的元功，这就是质点动能定理的微分形式。

积分式（15.16），得

$$\int_{v_1}^{v_2} \mathrm{d}\left(\frac{1}{2}mv^2\right) = W_{12} \tag{15.17}$$

或

$$\frac{1}{2}mv_2^2 - \frac{1}{2}mv_1^2 = W_{12} \tag{15.18}$$

在质点运动的某个过程中，质点动能的改变量等于作用于质点的力做的功，这就是质点动能定理的积分形式。

15.3.2 刚体的动能定理

质点的动能定理可以推广到质点系，刚体可视为各质点间的距离始终不变的质点系。

设质点系由 n 个质点组成，第 i 个质点的质量为 m_i，速度为 $\vec{v}_i$，根据质点的动能定理的微

分形式，有

$$\mathrm{d}\left(\frac{1}{2}m_iv_i^2\right)=\delta W_i \tag{15.19}$$

一般来讲，质点系内各质点的距离是不变的，因此，内力做功的代数和不一定等于零。但对刚体来讲，因为体内各质点的相对位置是不变的，因此刚体内力做功的代数和等于零，于是等式可变为

$$T_2-T_1=\sum W_{12}^{(F)} \tag{15.20}$$

式（15.20）说明刚体动能在任一过程中变化，等于作用在刚体上所有外力在同一过程中所做功的代数和。这就是刚体的动能定理

本章小结

1. 元功表达式

元功表达式：
$$\delta W = F\cos\alpha\mathrm{d}s = F\mathrm{d}r$$

元功的解析表达式：
$$W_{12} = \int_{M_1}^{M_2} X\mathrm{d}x + Y\mathrm{d}y + Z\mathrm{d}z$$

2. 常见力的功

重力的功：
$$W = \pm Gh$$

弹性力的功：
$$W_{12} = \frac{1}{2}k(\delta_1^2 - \delta_2^2)$$

定轴转动刚体上的力矩的功：
$$W_{12} = \int_{\varphi_1}^{\varphi_2} m_z\mathrm{d}\varphi$$

3. 质点的动能

平移刚体的动能：
$$T = \sum\frac{1}{2}m_iv_i^2 = \frac{1}{2}v_C^2\sum m_i = \frac{1}{2}Mv_C^2$$

定轴转动刚体的动能：
$$T = \frac{1}{2}J_z\omega^2$$

平面运动刚体的动能：
$$T = \frac{1}{2}mv_C^2 + \frac{1}{2}J_C\omega^2$$

4. 质点和刚体的动能定理

质点的动能定理：
$$\frac{1}{2}mv_2^2 - \frac{1}{2}mv_1^2 = W_{12}$$

刚体的动能定理：
$$T_2 - T_1 = \sum W_{12}^{(F)}$$

思考与练习

15.1 当质点做匀速圆周运动时，其动能有无变化？

15.2 应用动能定理求速度时，能否确定速度的方向？

15.3 质量为 m、长为 l 的均质杆 OA，可绕 O 轴转动，图示为初始水平位置，由静止释放，计算杆转动到铅垂位置时的角速度。

15.4 如题 15.4 图所示，滚子 A 沿倾角为 θ 的固定斜面向下滚动而不滑动，并借一跨过滑轮 B 的绳索提升物体 C，同时滑轮 B 绕 O 轴转动。滚子 A 与滑轮 B 为两个相同的均质圆盘，质量为 m_1，半径为 r，物体 C 的质量为 m_2。轴 O 处摩擦不计，求滚子中心的加速度和系在滚子上绳索的张力。

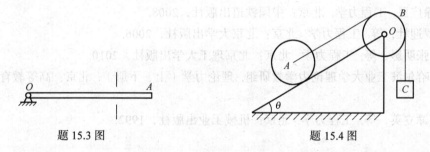

题 15.3 图　　　　　　　　　题 15.4 图

15.5 已知均质轮 B 和 C 的质量均为 m_2，半径均为 r，轮 B 上的力偶矩 M=常量，物 A 的质量为 m_1，求物 A 由静止上移距离 s 时的速度和加速度。

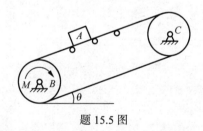

题 15.5 图

15.6 利用转动惯量的计算公式，求质量为 m、半径为 r 的匀质圆环绕垂直于盘面通过圆缘的转动惯量。

参考文献

［1］单辉祖，等. 材料力学教程. 2 版. 北京：高等教育出版社，2004.

［2］蔡怀崇，等. 材料力学. 西安：西安交通大学出版社，2004.

［3］陈振，等. 材料力学. 北京：北京航空航天大学出版社，2011.

［4］刘鸿文，等. 材料力学. 北京：高等教育出版社，1991.

［5］戴葆青，等. 材料力学教程. 北京：北京航空航天大学出版社，2004.

［6］张定华，等. 工程力学 2 版. 北京：高等教育出版社，2010.

［7］武昭辉，等. 工程力学. 北京：北京大学出版社，2008.

［8］徐广民. 工程力学. 北京：中国铁道出版社，2008.

［9］罗迎社，等. 工程力学. 北京：北京大学出版社，2006.

［10］张明影，等. 工程力学. 北京：北京理工大学出版社，2010.

［11］哈尔滨工业大学理论力学教研组. 理论力学（上、下册）. 北京：高等教育出版社，2002.

［12］谭立英，等. 工程力学. 北京：机械工业出版社，1992.